JN295294

日本のビール産業

発展と産業組織論

水川 侑
MIZUKAWA Susumu

専修大学出版局

はじめに

　産業組織論は，経済学における価格論の応用分野であって，現実に存在する諸産業の競争と独占の状況を分析し，その上で政策の在り方を研究することを目的にしている。つまり，その目的は，現実の産業がどのように組織され，運営されているかについて理解を深めること，またこれらの産業が経済的厚生にどれだけ貢献しているかについて評価することである。換言すれば，産業組織論は，基本的には，ある産業がどの程度独占的であるか，そのため経済的厚生がどれほど害されているか判断し，反独占，したがって競争促進のための政策を遂行するために必要な何らかの指針を与えようとするものである。ここでは，産業組織論の基本的な体系[1]——たとえば，SCPパラダイム体系およびその批判[2]——を，ミクロ経済学と関連づけて理論的に説明するのではなく，まず具体的に産業（ビール産業）を取り上げて，産業組織論の体系にほぼ準じた構成で当書を記述する一方で，取り扱うそれぞれの項目と関わる理論及び問題点を示唆（あるいは説明）する，というやり方にしようと思う。

　産業組織論の体系を理解する題材としてわが国のビール産業を取り上げ[3]，この産業の発展を説明しながら，産業組織論的体系にしたがって実証分析をするのであるが，題材としてビール産業を選んだ理由は，次のようなものである。企業が供給する製品の大部分がビールで，ほとんど単一製品を生産している状態にあること（最近にいたるまで，多角化がそれほど進められることが無かったということ），それゆえ，産業の範囲が明白であること，企業の数が少ないこと，ビール産業は「規制産業」に属し国民経済上若干の問題を抱えていたこと，これらの要因は企業行動の結果＝市場成果を評価するに際して，ビール会社は飲料，医薬品，不動産などの事業を抱えているがビール

の比重が大きいので，市場成果はほぼビール事業の実態を反映しているという意味で，問題を最小限にしてくれること，加えて「ビール」は学生にあるいは一般の人々に身近な商品であること，などである。

1） アメリカ流の産業組織論が体系的にまとめられるうえで大きな役割を果たしたのは，J. S. ベインで，彼の代表作は *Industrial Organization*, Wiley, 1959──宮沢健一監訳『産業組織論』上下，丸善，1970年──である。

   そして，この産業組織論の考え方がわが国に導入・紹介されたのは，小宮隆太郎「日本における独占と企業利潤」脇村義太郎還暦記念論文集『企業経済分析』岩波書店，1962年，所収，及び館龍一郎，小宮隆太郎『経済政策の理論』勁草書房，1964年，によってである。

   産業組織論の教科書・専門書の類はたくさんあるが，とりあえず数冊掲げよう。入門書として，越後和典『工業経済──産業組織論──』ミネルヴァ書房，1965年。中級書として，R. ケイヴズ著，小西唯雄訳『産業組織論』東洋経済新報社，1968年。最近の中級書として，堀内俊洋『産業組織論』ミネルヴァ書房，2000年。小西唯雄『産業組織政策』東洋経済新報社，2001年。

2） SCPパラダイム体系とは，市場構造，市場行動，市場成果の間の因果関係のことである。ある市場を短期的に見ると，構造は大きく変化しない。そこで市場構造を分析すると，その構造の下で特定の行動がとられ，この行動が成果を規定するという因果関係が捉えられる。つまり，産業組織論は，基本的には，構造が行動を規定し，行動が成果を規定するという因果関係として捉えて，ある時期における市場を横断面図的に分析する体系である。勿論，構造は長期的には変化する。それに伴って行動も成果も変化する。また，構造の変化は基本的には行動に依拠するし，時には成果が構造を直接変化させることもある。なお，J.S. ベイン流の産業組織論批判については，越後和典『競争と独占』ミネルヴァ書房，1985年を参照されたい。

3） ビール産業を取り上げるのは，過去に当産業を分析した経緯があることによる。拙論「ビール産業における製品差別化」『専修大学社会科学研究所月報』No.246，1984年1月，及び「ビールそれ自体の差別化政策」『専修経済学論集』第24巻，第2号，1990年3月。当論では，これらのものを使用しながら新たに1990年までの状況を再現した。そして更に1990年以降のことを全く新しく書き加えた。

目　次

はじめに

第1章　ビール及びビール産業の発展　1

1. ビールとは何か　3
2. ビールの歴史　4
   (1) 古代のビールと中世のビール　4
   (2) 産業革命とドイツのビール　6
   (3) 日本のビール及びビール会社　7
3. ビール産業の発展　9
   (1) ビール産業成長の歩み　9
      a. ビールの供給状況　11
      b. ビールの需要状況　12
   (2) 製造業としての歩み　13
      a. 事業所数と従業者数　13
      b. 労働生産性と資本生産性　16

第2章　市場構造　19

1. 売手集中度　21
   (1) 企業数　22
   (2) 規模の経済性　23
   (3) 売手集中度　24
2. 製品差別化　27

⑴ ビールそれ自体　28

　　⑵ 容器・販売方法　30

　　⑶ ブランド　31

　　⑷ 製品差別型寡占　32

　3. 参入障壁　37

　　⑴ 工場建設費　37

　　⑵ 制度的規制　39

　　　a. 製造免許　40

　　　b. 販売場免許　41

　4. 市場需要の成長率　45

第3章　市場行動　49

　1. 価格設定政策　51

　　⑴ 価格設定方式　53

　　⑵ 価格引下げ政策　54

　　⑶ 価格差別政策　56

　　⑷ 価格先導性　58

　　　a. 価格の同調的引上げ（その1）　59

　　　b. 価格の同調的引上げ（その2）　62

　2. 製品差別化政策　65

　　⑴ 酒類の需要構造　65

　　⑵ 製品差別化競争の前奏曲　68

　　⑶ 容器の差別化競争——容器戦争——　74

　　　a. 78〜82年の前哨戦　75

　　　b. 83〜85年の本格戦　75

　　　c. 容器戦争がもたらした結果　80

3. 中身の製品差別化──味戦争── 87
　　(1) 生ビール 89
　　(2) 麦芽100％ビール 92
　　(3) 辛口ビール 95
　　(4) 容器戦争及び中身戦争の成果 100

第4章　90年代におけるビール産業の新展開 ──市場行動（その2）── 111

　1. 規制緩和と価格破壊 113
　　(1) 規制緩和と酒DSの出現 113
　　(2) 価格破壊 120
　2. 発泡酒の開発──ビール対発泡酒── 128
　3. 地ビールの誕生と成長 134

第5章　80〜90年代における市場成果 143

　1. 製品の多様化現象 145
　2. 売上高及び利潤率の動向 148
　3. 利益率の動向 153
　4. シェアの動向 155
　　(1) シェアと売上高経常利益率の関係 155
　　(2) シェアと販売奨励金・広告費の関係 157

参考文献　163
あとがき　167
索　引　169

第1章
ビール及びビール産業の発展

1. ビールとは何か

　ぶどう酒，ビール，清酒及び焼酎などは酒類という製品概念にまとめることができる。わが国の「酒税法」では第二条で，酒類とは「アルコール分1度以上の飲料」であって，10種類（11品目）──清酒，合成清酒，焼酎（甲類，乙類），みりん（本みりん，本直し），ビール，果実酒類（果実酒，甘味果実酒），ウィスキー類（ウィスキー，ブランデー），スピリッツ類，リキュール類及び雑酒（発泡酒，粉末酒，その他の雑酒）──に分類している。この酒類を大きく分けると，醸造酒（清酒，ビール，果実酒），蒸留酒（焼酎，ウィスキー類）及び合成酒（合成清酒，みりん，リキュール類）になる。そしてわが国の「酒税法」（第三条）では，ビールとは，① 麦芽，ホップ及び水を原料として発酵させたもの，② もしくは麦芽，ホップ，水及び米その他の政令で定める物品を原料として発酵させたもの。但し，その原料中当該政令で定める物品の重量の合計が麦芽の重量の十分の五をこえないものに限る，と定めている。

　ところで，アルコールは，酵母という微生物が糖分を発酵させる時に生成するものである。しかし，麦はそのままでは糖分を含まないので，麦の成分であるデンプンを糖分に変えなければならない。つまり，「ビールそのもの」は次のような工程で造られる。まずはじめに，一定の温度，湿度の下で麦を発芽させる（発芽の過程で麦の内部に酵素が誕生する）。発芽がすすんで緑麦芽となり，これを乾燥させて麦芽をつくる（ここまでが製麦工程）。次に，麦芽や副原料を粉砕して，温水の仕込み槽に入れる。麦芽に含まれているデンプンが麦芽糖に変化する。甘い麦汁を濾過し，この溶液にホップを加えて煮沸する（香りと苦みを引き出す）。その後，摂氏約5度にまで冷却する（以上，仕込み）。この冷却された麦汁に酵母を加えて5〜6度の低温でおよそ10〜12日間発酵させると若ビールができる。この若ビールを貯酒タンクで0〜2

度で約2〜3ヵ月間かけて熟成させると，ビールが出来上がる（ここまでが醸造工程）。出来上がったビールをパッケージングする。そのまま樽に詰めたものが業務用生ビールで，ミクロフィルターあるいはセラミックフィルターで酵母を除去したものがびん詰め生ビールである。出来上がったビールをびんや缶に詰めて，60度の湯で20分程度加熱殺菌したものが熱処理ビールである。

2．ビールの歴史

ビールはいつ頃から，どこで醸造されていたのであろうか。ビール醸造の起源は古代までさかのぼるといわれている。紀元前4000〜3000年頃に南部メソポタミアで人類が農耕を始め，麦を栽培する中で自然に生まれたといわれている。[1]

(1) 古代のビールと中世のビール

シュメール人は，紀元前3000年頃，ビール造りの様子を粘土版に描いた「モニュマン・ブルー」を残している。これは，ビールに関する最古の記録である。当時の人々は麦からパンを作り，それを砕いて水を加え，パン粥にして食べていた。ところが，パン粥を放置していると，自然に発酵して，古代ビールが出来上がったのである。また，現存する世界最古の成文法の一つ「ハンムラビ法典」（紀元前1760年頃制定）の108条から111条──もし居酒屋の女主人が1ピーフ（容器）のビールを掛けで売ったならば，彼女は収穫時に5スート（約50リットル）の大麦を受け取ることができる。（中田一郎訳『ハンムラビ「法典」』リトン，1999年，32頁）──には，ビール及びビール酒場についての条項が記してある。更に，エジプトにおけるビール醸造の記録は，紀元前2000年頃に現れている。エジプトでも，メソポタミアと同じような方法でパン粥のビールが造られたようであるが，ここでは発芽させた

麦からパン生地をつくり，それが十分に膨らんでからパンを焼き上げた（「発酵パン」）。この発酵パンを粉々に砕いて，つぼに入れ，水を混ぜ，熱を加えて粥状にする。次に冷まして放置し，固形物を取り除き，残った液体を自然発酵させる，という方法で古代ビールが造られたのである。

古代ビール──「液体のパン」と呼ばれた──は，中世のヨーロッパでは修道院や教会で造られるようになった。文献に見られる最古のビール醸造場が，820年にスイスのザンクト・ガレン修道院に設けられた。修道院におけるビール醸造はその後ヨーロッパ各地に広まっていった。貨幣経済が発展して商人の活動が始まると，11～12世紀にヨーロッパの各地に都市が形成されるようになり，都市でもビールが造られるようになった（都市ビール）。13世紀前半に北ドイツのアインベックという町のあるビール醸造業者が新しいタイプのビール「ボックビール」を上面発酵法で造った。これは麦芽の使用料が多く，ホップを多い目に加えた麦汁から造られた。これは，この時代においては発酵を一気にすすめて短期間で出荷するのが普通であったのに対して，ある期間寝かせて熟成させたのち蔵出しするビール「ラガービール」の前身とみなされている。また非常に長期間の保存に耐える性質を持っていた。15世紀はじめに，修道院で自家用としてビールを造ってもよいが，販売してはならない，という法令が出されると，これを契機に修道院ビールは衰退することになった。

当時のビールは，冷却しないで造られたし，グルートという幾種類もの薬草──ホップはその1種類であった──で香味がつけられていたが，14～15世紀になるとヨーロッパではホップ──香りや味がよく，苦みが適度にあるうえ，雑菌の繁殖を抑えビールの日持ちを向上させることなどから──が主流となった。ビール醸造技術が確立していなかった中世のビールは，原料の穀物の滓が残っていたり，色々な雑菌による汚染などでかなり濁っていたりして，飲みにくいものであったようである。ところが，南ドイツでは1480年頃から，冬期に低温でじっくり時間をかけて発酵，熟成させる下面発酵法が

主流となり始めた。これによって，醸造中の雑菌による汚染が少なくなり，ビールの品質が向上したのである。また1516年に，バイエルン公ウィルヘルム4世が制定した「ビール純粋令」——ビールは大麦，ホップ及び水だけを使って醸造せよ。この純粋令の前身とみなされるものに，1487年にバイエルンの君主アルブレヒト4世がミュンヘン市のビール醸造業者に出した訓令「ビールを製造するにあたっては大麦，ホップ，それに水のみを使い，良心的に醸造を行い，且つ，いかなる混ぜものもしてはならない」がある——以降，この純粋令の発足，下面発酵法の出現及びホップ産地の形成（分散していたバイエルンのホップ栽培はハラタウ地方を中心に集団化される）が，有力な要因となって，南ドイツにおけるビール醸造業は16世紀以降着実に発展することになった。

(2) 産業革命とドイツのビール

18世紀後半になると，イギリスに産業革命が起こった。J.ワットが1768年に動力源としての「蒸気機関」を発明し（翌年特許取得），ついで彼はM.ボールトンと共同で1781年「回転機関」を発明した。ボールトン・ワット商会製作所の最初の2台の機械は，それぞれ，醸造用水くみ上げ用と麦芽粉砕用にロンドンのポータービール醸造所に買い取られた。その後1787年にはJ.ワルカーが蒸気機関を動力源とした麦汁攪拌機を考案し特許を取っている。機械は短期間の内にビール会社に導入され，1800年頃には醸造工程の大部分が多かれ少なかれ機械化された。これにより，ビールが大量生産されるようになり，品質が一段と安定し，値段も安くなったのである。

他方，バイエルンの国王は，1805年にビール醸造業者の平等な利益と営業独占の確保のためのツンフト（同業組合）制度によるビール醸造に対するすべての規制を廃止した。また，北ドイツのプロシアでも1810年に営業の自由が認められ，ビール醸造に関するすべての独占権が排除された。これらの措置により自由競争の気運が高められたので，1830～40年にかけて南ドイツ

の醸造業者はイギリスから新しい生産技術や装置を競って導入した。これによって，1856年には全ドイツの中規模以上のビール醸造所が蒸気機関を備え付けることになった。ドイツは，この技術や装置，品質のよいホップ及び下面発酵法を用いてビール王国となる礎を築くことになるのである。また，日本のビールの主流になっている「ピルスナービール」の起源は，チェコのピルゼン市が1295年にウエスラス2世王からビール醸造権を手に入れ，市民が市当局の監督の下にビール造りを始めたことに由来する。下って14世紀に，ボヘミア国王カール4世はホップ栽培を振興したので，ザーツ地方がホップ供給地として発展した。さらに1842年に「市民ビール醸造所」が創設され，この醸造所から，バイエルンでこれまで飲まれていた色の濃い，そして幾分粘っこい感じのビールではない，「雪のように白い豊かな泡立ちと，すっきりした淡黄色のビール」＝「ピルスナーウルケル」が造り出された。これが，ドイツ各地及び海外で広く受け入れられることになった。そして，更に安定した品質のビールが出来るようになったのは，19世紀後半になってからであり，それに貢献したのは次のような発明・発見であった。

　F. カレーの「アンモニア式製氷機」の発明（1860年），K. リンデの「アンモニア式冷凍機」の発明（1873年），醸造家であるA. ドレハーとG. セドルメイルが1860年代に冷蔵技術を確立したこと，フランス人L. パスツールが発酵は酵母の働きによることを発見し（1876年。同年「ビールに関する研究」を発表），1882年にデンマーク人E. C. ハンゼンが酵母の「純粋培養法」を発明したこと，更に，パスツールがワインの「低温殺菌法」を発明したこと（1886年）。彼らの研究と技術開発によりビールの醸造技術が確立し，美味しくて安いビールがたくさん造られるようになったのである。

(3) 日本のビール及びビール会社

　ドイツのビール醸造技術が，日本，アメリカ（1840年代にたくさんのドイツ人がアメリカに移民した。この移民の手によってラガービールの醸造が始

められた）をはじめとする世界各地に伝わるのである。日本にビール醸造技術が伝わったのは 1870 年以降である。つまり，W．コープランドが 1869 年に横浜の天沼にスプリング・ヴァレー・ブルワリーを，渋谷庄三郎が 1872 年に大阪に渋谷麦酒を，野口正章が 1873 年に甲府に三ッ鱗麦酒を設立したことで，日本のビール醸造が始まったのである。

　明治初期にはビールは近代化のための重要な産業の一つとして政府が力を入れたこと（1876 年，北海道開拓使が麦酒醸造所を設立。1877 年 12 月「サッポロラガー」の商標作成。1887 年に札幌麦酒と改称），ビール好きなイギリス人との交際を通じて日本人の間にもビールが浸透し，需要も順調に増加したことなどで，多くのビール醸造所が創業するようになり，明治 20 年（1887 年）から明治 34 年（1901 年）までの間が最も盛んな頃で，ビール戦国時代といわれ，全国におよそ 70 社（100 を超える銘柄）――その中で有力なものは 1885 年に設立された ジャパン・ブルワリー（1888 年に「キリンビール」発売），1887 年に東京目黒に設立された日本麦酒醸造（1890 年に「ヱビスビール」発売），1889 年に大阪吹田に設立された大阪麦酒（1892 年に「アサヒビール」発売）などである―― が存在していた。これらの各社が醸造するビールはほとんどがピルスナータイプで，この時代以降，わが国ではこのタイプのビールの製造が主流となった。1901 年のビールへの課税開始前後から中小のビール会社が相次いで消えていく一方で，1906 年に札幌麦酒，日本麦酒醸造，大阪麦酒の 3 社の大合同によって大日本麦酒（シェア 72％）が組織された。第一次大戦の勃発を契機に，ビール産業は飛躍的な発展を遂げることになる。また，1923 年頃には，大日本麦酒，麒麟麦酒，日本麦酒鉱泉の 3 社で価格協定が結ばれ，1928 年には 3 社の間で生産・販売協定が結ばれた。更に，1933 年には日本麦酒鉱泉を吸収合併した大日本麦酒と麒麟麦酒で，麦酒協同販売が創設され，まさしく完璧な業界協調体制が組織されたのである。その後，日本は戦争の長期化が予想され，1938 年以降「統制経済」時代に入る。ビールは 1940 年から配給制になり，この統制時代が 1949 年まで続いたので

ある。

1) この節を書くにあたって，次の文献を利用させて頂いた。三省堂編『ビールの事典』三省堂，1984年。鏡勇吉，他『ビールの花 ホップ』日本工業新聞社，1985年。濱口和夫『ビールうんちく読本』PHP研究所，1988年，後PHP文庫（1992年）。

3. ビール産業の発展

わが国のビール産業は，第二次大戦終了後の1950年代半ばから約40年間におよぶ期間に，どのように成長，発展してきたか。いくつかの指標を掲げて説明することにしよう。

(1) ビール産業成長の歩み

わが国の経済が高度成長を持続していた70年代半ばまでの期間に，ビール産業に何か大きな変化が起こったであろうか。その一つは，酒類(10種類)の消費数量の点でビールのシェアが過半数以上に，あるいは消費資金の点で首位になったことである。

1人当たり酒類年間消費量（表1-1）は，55年——以下，原則的に表・図では年度，暦年を使用して区別するが，本文では年に統一して使用する——には14.0 l，うち清酒5.3 lでシェア38％，ビール4.0 lでシェア29％，ウィスキー類0.4 lでシェア3％であったが，62年には28.9 lで，うち清酒9.6 lでシェア33％，ビール14.5 lでシェア50％，ウィスキー類0.5 lでシェア2％になった。そして75年には，清酒のシェアは28％に落ち，ビールは63％，ウィスキー類は4％に高まったのである。

他方，1人当たり酒類年間消費資金（表1-1）は，55年には4,810円で，うち清酒2,669円でシェア55％，ビール842円でシェア18％，ウィスキー類206円でシェア4％であったが，62年には清酒とビールのシェアは同じ大きさの41％，ウィスキー類のそれは7％になった。75年には1人当たり酒類消費資

表1-1　1人当たり酒類の年間消費数量と消費資金及び構成比

(単位 l（リットル），円，%)

年		清酒		ビール		ウィスキー類		合計
		l・円	比率	l・円	比率	l・円	比率	
1955	数量	5.27	38	4.04	29	0.42	3	13.97
	資金	2,669	55	842	18	206	4	4,810
1960	数量	7.44	34	9.10	42	0.82	4	21.58
	資金	2,809	48	1,795	31	398	7	5,841
1962	数量	9.61	33	14.54	50	0.49	2	28.86
	資金	2,657	41	2,641	41	478	7	6,467
1965	数量	11.90	34	19.11	54	0.64	2	35.13
	資金	3,821	44	3,518	41	727	8	8,683
1970	数量	14.63	31	27.83	59	1.26	3	46.87
	資金	5,818	41	6,153	43	1,454	10	14,197
1975	数量	15.10	28	33.71	63	2.14	4	53.92
	資金	9,864	39	9,427	38	4,474	18	25,031

注；消費数量は年度，消費資金は暦年。
資料；日刊経済通信社『酒類食品統計年報』昭和51年版，31，32頁，昭和59年版，82頁から作成。

金は，55年と比べて5.2倍，62年と比べて3.9倍も伸長して25,031円になっているが，それは原料事情が好転したこと（国内や海外の穀物が戦前と比べ容易に入手できるようになった），国民所得の上昇及び消費生活水準の向上などによる。清酒とビールのシェアは，62年以来ほぼ同じ大きさを維持していて75年には38，39％であるのに対し，ウィスキー類のそれは18％にまで高まっているのである。ビールの酒類に占める地位は，消費量の点で62年に清酒を抜いて首位になるが，消費資金の点では，62年に清酒と同位となり，75年までは抜きつ抜かれつの状況を呈していたが，76年以降には首位の座を維持している。

第1章 ビール及びビール産業の発展　11

表1-2　ビール課税移出数量と生産金額及び5年毎の伸び率

(単位；kl, 百万円, %)

年	数量(a)	伸び率	金額(b)	伸び率	b/a 万円	シェア
1955	405,837	—	67,292	—	16.58	19.3
1960	931,999	130	151,536	125.2	16.26	33.4
1965	1,985,154	113	311,263	105.4	15.68	43.4
1970	2,980,752	50.2	548,068	76.1	18.39	43.1
1975	3,905,362	31	784,399	43.1	20.09	39
1980	4,520,994	16	1,240,237	58.1	27.43	42.7
1985	4,851,052	7.3	1,822,400	47	37.57	48.7
1990	6,490,103	34	2,534,805	39.1	39.06	57.8
1995	6,765,448	4.2	2,831,455	12	41.85	59.5

注；移出数量の年度は1978年度までは3〜2月。シェアは酒類生産額に占める
　　ビールの割合。
資料；表1-1と同じ。

a. ビールの供給状況

　55年から95年までのビール課税移出数量（以下，生産量）と生産金額（以下，生産額）及び5年毎の伸び率（表1-2）で，ビールの供給状況について説明することにしよう。

　はじめに生産量の面から見ると，55年40.6万kl，75年390.5万kl，95年676.5万klで，前半の20年間には9.6倍も成長しているが，後半の20年間には73%成長しているに過ぎない。成長の推移を5年毎の伸び率で見ると，55年から65年までの間に100%以上の伸び率を示していたが，65〜70年には50%に，70〜75年には31%に縮小している。更に75年以降の20年間においても（85〜90年を除いて），階段を転げ落ちるがごとく，伸び率は小さくなっている。数量的には成熟段階に達しているといってよいであろう。

　次に生産額の面から見ると，55年673億円，75年7,844億円，95年2兆8,315億円で，前半の20年間には11.6倍強，後半の20年間には3.6倍成長している。成長の推移を5年毎の伸び率で見ると，55年から75年までにおいては生

表 1-3 ビール消費(販売)数量，消費(販売)金額及び5年毎の伸び率

(単位；kl, 百万円, %)

年	数量 (a)	伸び率	金額 (b)	伸び率	b/a 万円	シェア
1955	366,709	―	76,469	―	20.85	17.5
1960	872,247	138	172,200	125.2	19.74	30.7
1965	1,921,923	120.3	353,709	105.4	18.4	40.5
1970	2,909,166	51.4	643,210	82	22.11	43.3
1975	3,739,564	29	1,057,386	64.4	28.28	36.8
1980	4,386,367	17.3	1,771,359	68	40.38	41.1
1985	4,724,846	8	2,521,741	42.4	53.37	46.6
1990	6,463,025	37	3,573,201	42	55.29	53.9
1995	6,743,946	4.3	3,613,181	1.1	53.58	54.3

注；消費数量は年度,消費金額は暦年。シェアは消費金額に占めるビールの割合。
資料；表1-1と同じ。

産量の場合とほぼ同様の傾向を示しているが，75年以降は，90～95年を除いて，生産量の伸び率が示しているような逓減的な傾向を示してはいない。しかも，65年以降における5年毎の伸び率は生産額の方が生産量より常に大きいのである。生産量の伸び率が大きい時期＝高成長の時期に，キリンのシェアが大きく伸び（72年に60％台に達する），キリンを頂点とする「ガリバー型寡占」体制が形成された。数量の伸び率より金額の伸び率が大きいことの背景に，このガリバー型寡占体制の下での価格引上げがあると思われる。

b. ビールの需要状況

ビール消費（販売）量（表1-3）は，55年36.7万kl，75年374万kl，95年674.4万klで，前半の20年間には10倍強も成長しているが，後半の20年間には80％しか成長していないのである。5年毎の伸び率の推移を見ると，消費量は生産量と，消費額は生産額とほとんど同じ傾向を示している。特に目に付く点は，90～95年における消費額の伸び率がほとんどゼロに近いことである。これは，バブル崩壊後の不況で国民のビール消費が相当に抑制されたこと，また価格破壊あるいは経済のグローバル化による内外価格差の是

正を反映して，安い価格の酒類が売られたことなどによるものと考えられる。

また，酒類に占めるビールの地位は，生産額及び消費額から見て，65年から70年頃までは国民の消費水準が向上しつづけてきたことを反映して，急激に上昇しているのである。しかし，その後の15年間くらいは成長率は鈍化して停滞的である。これは酒類の需要構造の変化にあると考えられる。つまりビールが国民にとって大衆的な飲物になって新規の需要増加が少なくなってきたこと，生活の洋風化が進んでウィスキーその他の洋酒が伸びてきたことなどである。バブル経済期に再び急上昇し，90年には酒類の過半数以上を占めるようになった。ビールは国民にとって最も大衆的な飲物になったのである。ところで，1kl当たり生産額と消費額の差額の推移を見ると，55～70年においては3～4万円であったものが，漸次，8万円，13万円，16万円と拡大している（95年は11.7万円と少し小さくなっている）。付加価値の高い商品が市場に供給されるようになったからであろう(77～80年頃から製品差別化が本格化するのである)。

(2) 製造業としての歩み

『工業統計表』（表1-4）を使って，ビール製造業（以下，ビール産業）が55年以降どのように発展してきたかを説明することにしよう。ビール産業が製造業に占める地位は，95年現在で従業者数では0.10％，現金給与総額では0.15％，付加価値額では0.36％であって，決して大きな産業ではない。

a. 事業所数と従業者数

事業所とは普通，工場，製作所，加工所等と呼ばれているような，一区画を占めて製造または加工を行っているものである。ビール産業の事業所数は，55年13，60年15で，これが2倍になるのは，それぞれ，70年と73年である。そして95年に38になり，そして96年以降には従業者規模4～9人程度のいわゆる「地ビール醸造所」が建てられることになる（96年の40のうち，4つは地ビール醸造所と考えられる）。つまり，70年代半ばまでの日本経済の

表1-4 ビール製造業の諸指標

暦年		1955	1960	1962	1965	1970	1973	1975	1980	1985	1990	1995
a. 事業所数		13	15	20	21	26	31	32	34	35	35	38
b. 従業者数（人）		5,855	8,954	12,615	13,362	14,142	14,895	14,391	12,951	11,002	10,744	9,890
c. 現金給与総額（百万円）		2,099	3,896	6,398	8,829	16,597	26,408	42,107	60,331	62,876	67,441	69,470
d. 原材料使用額等（百万円）		16,985	38,133	61,003	78,311	141,349	182,505	237,737	343,245	407,248	468,388	478,077
e. 製造品出荷額等（百万円）		72,580	155,043	223,387	294,458	512,801	670,380	778,459	1,270,016	1,750,988	2,309,843	2,445,322
f. 付加価値（百万円）		10,263	12,999	13,942	19,516	50,272	83,667	96,612	176,152	302,346	414,057	424,312
g. 有形固定資産額（百万円）				60,964	86,978	108,144	155,447	165,450	291,154	344,680	659,103	869,864
h. 課税移出数量（年度、kl）		405,837	931,999	1,489,547	1,985,154	2,980,752	3,811,816	3,905,362	4,520,994	4,851,052	6,490,103	6,765,448
i. 同　　上（暦年、kl）					1,992,264	2,971,581	3,810,975	3,955,456	4,541,476	4,794,361	6,550,732	6,729,281
事業所当り												
① 生産規模 (h/a, kl)		31,218	62,133	74,477	94,531	114,644	122,962	122,043	132,970	138,601	185,432	178,038
② 同　上 (i/a, kl)					94,870	114,292	122,935	123,608	133,573	136,982	187,164	177,086
従業者当り												
③ 現金給与総額 (c/b, 万円)		36	44	51	66	117	177	293	466	571	628	720
④ 製造品出荷額等 (e/b, 万円)		1,240	1,732	1,771	2,204	3,626	4,501	5,409	9,806	15,915	21,499	24,725
⑤ 5年毎の増加率 (%)			140	127	165	149	181	162	135	115		
⑥ 付加価値額 (f/b, 万円)		175	145	111	146	355	562	671	1,360	2,748	3,854	4,290
⑦ 5年毎の増加率 (%)			83		101	243		189	203	202	140	111
⑧ 有形固定資産額 (g/b, 万円)				483	651	767	1,044	1,150	2,248	3,133	6,135	8,795
有形固定資産額当りb												
⑨ 製造品出荷額等 (e/g, 円)					3.39	4.74	4.31	4.71	4.36	5.08	3.5	2.81
⑩ 5年毎の増加率 (%)						140		99	93	116	69	80
⑪ 付加価値額 (f/g, 円)				0.23	0.22	0.46	0.54	0.58	0.61	0.88	0.63	0.49
⑫ 5年毎の増加率 (%)						207		126	104	145	72	78
移出数量当りb												
⑬ 現金給与総額 (c/h, 円)		5,172	4,180	4,295	4,448	5,568	6,928	10,782	13,345	12,961	10,391	10,268
⑭ 同　　上 (c/i, 円)					4,432	5,585	6,929	10,645	13,284	13,115	10,295	10,324
⑮ 原材料使用額等 (d/h, 円)		41,852	40,915	40,954	39,448	47,421	47,879	60,875	75,922	83,950	72,170	70,644
⑯ 同　　上 (d/i, 円)					39,308	47,567	47,889	60,104	75,580	84,943	71,502	71,044

資料；『工業統計表』及び『酒類食品統計年報』。

高度成長期に工場の多くが建設されたのであって，それ以降建設された工場は多くはないのである。このようになった状況として，次の点を考慮しなければならないかもしれない。72年に麒麟麦酒（以下，キリン）のシェアが60%台になると，寡占体制の下での「管理価格」が問題にされるようになったのである。市場において実質的にプライス・リーダーの地位にあるキリンを分割すべしということが主張されるようになったのである。分割を避けるために，キリン及び国税庁は74年に「シェア自粛」，具体的には工場新増設の一時停止，生産制限，ビール券の発売中止の措置を講じたのである（その後，「高シェア自体は，独占禁止法上問題ない」ということになる。そして77年頃，この自粛策は変更される[1]）。74年までに大手3社が建設した工場の状況は次のとおりである。キリンの場合，57年東京工場，62年名古屋工場，65年高崎工場，66年福岡工場，67年宝酒造京都工場買収，70年取手工場，72年岡山工場，74年滋賀工場，そして79年栃木工場。サッポロビール（以下，サッポロ）の場合，61年大阪工場，65年厚木工場，66年札幌第二工場，67年宝酒造木崎工場（群馬）買収，71年仙台工場。アサヒビール（以下，アサヒ）の場合，62年東京大森工場，64年北海道朝日麦酒，73年名古屋工場。以上16工場のうち，キリンは半分の8工場を建設（買収を含む）しているのである。キリンが積極的に工場を建設したのは，「キリンラガービール」が，高度経済成長期に消費生活水準が向上したことなどを背景に，家庭でビールを飲む機会が増えた消費者に圧倒的な人気を得ることになったからである。74年以降の「シェア自粛」もあるだろうが，第一次石油ショック以降の経済環境の変化＝中低成長時代になってビールの消費量の伸び率が縮小したことも，工場の新増設が減少した要因でもあると考えられる。

　事業所の生産規模——課税移出数量÷事業所数——の変化を見ると，55年3.1万kl規模であったものが，70年代半ばには4倍も大きい12.3〜12.4万kl規模のものになっている（新設工場の規模が大きくなったことと既存工場の生産能力が増設されたことによる）。それ以降の20年間には50%程度大き

くなっているに過ぎない。

他方，従業者数は，事業所の増加及び生産能力の増強に伴って，70年代半ばには55年（6,000人弱）比で，2.5倍（14,500人前後）になっている。それ以降の中低成長期における合理化及び有形固定資産額の増加を反映して，従業者数は減少傾向——95年には73年比で33.6％減少して約9,900人——を示している。つまり，従業者の削減を補う形で固定資本＝機械設備の拡充がなされたのである。資本装備率は62年（ビールが消費量で清酒を抜いて首位になった年）の483万円から，73年の1,044万円に，75年の1,150万円に，それぞれ，62年比で2.2倍，2.4倍に増加している。それに対して，95年には75年比で7.6倍（80年比で3.9倍）も増加している。このように，資本装備率が大きくなれば，通常は生産性も向上するものと考えられるのであるが，現実はどうであったろうか。

b. 労働生産性と資本生産性

労働生産性を製造品出荷額等（以下，出荷額）で見た場合，それは55年以降40年間にわたって増大しつづけたのである。それを5年毎の増加率で見ると，65年から85年の間に最も大きく向上している。他方，付加価値額で見た場合，55年から65年にかけては低下ないしは停滞していたのであるが，それ以降は順調に増大しつづけている。それを5年毎の増加率で見ると，出荷額と同じく，65年から85年の間に最も大きく向上している。そして注目すべき点は，この間においては付加価値額生産性の方が出荷額生産性よりもかなり大きいことである。

70年代半ばまでの工場規模拡大の成果——その一つは，生産量当たり原材料使用額等が55〜65年の間には減少する傾向にあること——と，第一次石油ショック以降における従業者数削減の効果——その一つは，生産量当たり現金給与総額が80年以降低下する傾向にあること——とが，生産性を向上させた，と考えられる。勿論，生産管理技術などの向上も考えられる。

次に，資本生産性について説明しよう。出荷額資本生産性は，62年から70

年にかけて30％弱向上しているが，それ以降85年までは停滞的で，90年代は低下傾向をたどり，62年水準以下になっている。その理由として考えられることは，出荷額の5年毎の伸び率が85～90年に32％，90～95年に6％であるのに対し，有形固定資産額の5年毎の伸び率が，それぞれ，91％，32％であることである。つまり，出荷額の伸び率よりも有形固定資産額のそれがはるかに大きいことによるのである。他方，付加価値額資本生産性は，62年の0.23円から70年の0.46円へと2倍，そして70年の0.46円から85年の0.88円へと1.9倍向上している。ところが，85年以降においては0.5～0.6円程度で落ち着いているのである。付加価値額生産性は，出荷額生産性と比べて，全般的に安定しているようである。協調的寡占による価格支配力の成果ではないかと思われる。

1) 管理価格問題は，66年12月以降主として物価問題との関連で取り上げられるようになった。公正取引委員会『管理価格』1970年を参照されたい。73年9月に，国税庁は「ビール寡占問題研究会」を設置している。片山又一郎『キリンビール独走の秘密』評言社，1972年，252～254頁。飛田悦二郎，島野盛郎『ビールはどこが勝つか』ダイヤモンド社，1992年，17～19頁。小西唯雄『産業組織論』東洋経済新報社，2001年，第10章参照。

第 2 章

市場構造

ある国の市場システムがどのような経済の進歩，効率及び成長などをもたらすかは，市場システムの働きに依存する。このシステムの働きは，市場構造に大きく規定されると想定するのが，産業組織論の基本的な考え方である。わが国の主要産業は，そのほとんどが寡占産業であり，それぞれの産業が極めて多様性に富んでいる。そこで，どのような指標を用いて，それぞれの寡占産業の市場構造をどのように分類するかということが，問題となるのである。ベイン流の産業組織論体系では，市場構造の分類指標として，売手集中度，製品差別化，参入障壁，市場の成長率などが取り上げられている。

　たとえば，飲用牛乳業の場合，企業数は少なくとも40社以上は存在していて，それぞれの企業が販売する「牛乳そのもの」にはほとんど差は存在しない。ところが，上位数社の「ブランド」は全国的によく知られていて，このためその累積集中度は過半数以上である。逆に，それ以下の企業の，それぞれのシェアは数パーセントである。それゆえ，上位数社とそれ以下の企業の間には大きな「集中度格差」が存在する。このような産業は「競争型」ではなく，「二極集中型」の市場構造を形成しているものとして，分類される。

1. 売手集中度

　集中度を規定するものは，基本的には企業数と「規模の経済性」である。規模の経済性は，工場の規模が技術的に可能な最小規模から次第に大規模化していくのに伴って単位当たり生産費が逓減すること，つまり短期費用曲線の包絡線としての長期費用曲線が右下がりになること，である。ただし，工場の規模を拡大しても，もはや単位当たり生産費が変化しないという決定的な規模に達する，と考えられている。この時の規模を，「最小最適規模」という。

このように工場レベルについて言えることが，企業レベルについても言える。企業——一工場あるいは複数工場及びその製品の物流などを統御する独立の管理・統制単位——レベルにおける規模の経済性及び「範囲の経済性」とは，企業が経営する最小最適規模工場の数を増やすことに伴って，原材料購入費，製品販売，経営管理上の費用節約及び共通費の節約などによって，単位当たり生産費，販売費及び一般管理費などが逓減することである。

1社1工場を保有する企業を想定した場合，最小最適規模工場と市場規模の関係から企業数と集中度が決定されることになる。たとえば，市場規模の大きさをOM，最小最適規模工場の大きさをOMの二十分の一であると仮定する。1社1工場を保有する企業を想定すると，企業数は20社で，それぞれの集中度は5％である。1社4工場を保有する企業を想定すると，企業数は5社で，それぞれの集中度は20％である。

(1) 企業数

戦後のビール産業は，49年9月に大日本麦酒が「過度経済力集中排除法」(47年12月公布)によって二分割されて，東日本の市場と工場及びヱビスとサッポロの商標を受け継いだ日本麦酒(「ニッポンビール」の商標を使用。以下，サッポロ)と西日本の市場と工場及びアサヒとユニオンの商標を受け継いだ朝日麦酒(「アサヒビール」の商標を使用。以下，アサヒ)及び集排法の指定企業になったが後に取り消されて分割されなかった麒麟麦酒(東西市場に工場配置。1888年から使用している「キリンビール」という銘柄の知名度と明治屋が広告宣伝した「品質本意」というブランド・イメージの高さを持っていた。以下，キリン)の3社から出発した。

57年に宝酒造が「タカラビール」，オリオンビール(沖縄)が「オリオンビール」を発売したが，前者は67年に退出している。また，63年にサントリーが「サントリービール」を発売して参入している。64年には北海道朝日麦酒(アサヒの子会社で，93年にアサヒに吸収された)が設立されている。

したがって，95年に地ビールメーカーが誕生するまでは，わが国のビール産業は49年以降，3社ないし5社からなる寡占体制の状態であった。ただし，現在のところ地ビールメーカー（約300社程度）が市場に何らかの影響を及ぼすほどの状態ではない。

(2) 規模の経済性

植草益氏は『産業組織論』の110〜111頁で，ビール産業における平均規模工場のシェアを70年4％，75年3％としている。この数値と当時の課税移出量（生産量）と消費量及び工場稼働率から計算すると，最小最適規模生産量は年産10万kl程度である。この数値は，現在においても，それほど大きく違わないと思う（93年5月に完成したキリンの北陸工場の生産能力は10万klである）。

生産能力は，（ビール貯蔵槽容量）×（年間平均回転率）及びその他仕込み，発酵，びん詰め能力などを総合的に判断して算定される。したがって，最小最適規模生産能力が10万klであるということは，大雑把には「貯蔵槽容量2万kl×年間平均回転率5回」ということになる。

ビール会社は多数工場を保有する企業であって，現実に存在する工場規模は，それぞれの工場がビールを供給する市場規模との関係から10万klを超える生産能力を備えているものも，そうでないものもあることになる。

キリンは，86年1月現在，13工場で年間生産能力283.8万kl（貯蔵槽容量510,036kl×平均回転率約5.56回）を保有している。取手工場が最大で年産能力35.1万kl，栃木工場が最小で11.4万klである。86年5月に完成した，高効率のFA化を誇る千歳工場――北海道市場にビールを供給することを目的にしている――の年産能力は5万klで，栃木工場よりも小さい。これらの工場の生産設備は次の如くである。取手工場；仕込み設備，3系列で1日2,100kl。発酵・貯蔵設備，903本で総量62,559kl。製品設備，9列で1日1,612kl。栃木工場；それぞれ，700kl，20,621kl，530kl。千歳工場；それぞれ，246kl，

7,885 kl, 211 kl。アサヒは, 85年12月～86年12月現在, 6工場で年間生産能力51万kl (114,140 kl × 4.47回), うち, 吹田工場が最大で, 発酵・貯蔵設備30,040 kl。福島工場が最小で, 同じく8,110 kl。(工場別の生産能力は不明。2002年5月完成予定の神奈川工場の年産能力は15万kl。投資予定額352億円)。サッポロは, 同様に, 10工場で年間生産能力105.5万kl (180,464 kl × 5.85回), うち, 川口工場が最大で生産能力19.3万kl (発酵・貯蔵設備31,122 kl)。北関東工場が最小で, 同じく5.8万kl (発酵・貯蔵設備1,087kl)。ただし, 札幌第二製作所は除いた (2000年3月完成の新九州工場のビール年産能力は12万kl。99年の投資額273億円)[1]。

まとめると, 平均的な工場規模はビール貯蔵槽容量2万klで年間平均回転率が5回程度のものである。これよりも市場規模が大きい場合には回転率を6回程度に上げることで, 逆に市場規模が小さい場合には回転率を下げることで, 対応できるのではないかと思う。加えて, 都市近郊に適切に工場を戦略的に配置することが, 最小最適規模を超えた企業規模にする要因となり, 集中度, したがってまた市場支配力を規定する一つの要因となるであろう。

(3) 売手集中度

集中度は, 市場の大きさと企業規模の相対的関係によって決まる。市場の成長要因は当該産業にとって外生変数であるとすると, 企業規模の拡大は生産技術上の要因＝規模の経済性, 独占化要因及び制度的要因によって決まることになる。

独占化の要因には, 略奪的価格引下げ, 排他的取引協定, 抱合わせ契約などの強圧的行動, 水平的合併などによる直接的なシェア拡大行動及び製品開発行動, 広告宣伝活動, 卸・小売店などの流通過程の支配などによる製品差別化, 更には新規企業の参入を阻止するための一連の手段, つまり諸資源の独占, 参入阻止価格, 投資機会の先取りなど, がある。他方, 制度的要因には, 特許制度, 許認可制度による人為的な参入制限, 中小企業の保護立法 (過

小規模企業温存の要因) 及び独占禁止法などがある。

　ビール産業における集中度は，86年を境に大きく変化したのである。それは，86年にアサヒが，89年に迎える創業100年に向けて「ニューセンチュリー計画」の名の下にコーポレート・アイデンティティーを実施し，ラベルと風味を一新した「アサヒ生ビール」(コクがあるのにキレがあるビール)を発売した。これが消費者に受け入れられて売上高を伸ばしたことによる(ビールの売上高は前年度比12％——業界平均の3倍——を達成した)。次いで87年3月に，辛口の生ビール「スーパードライ」を発売した。これがアサヒの業容を一変することに貢献したのである。

　50年以降85年までの集中度の推移を，表2-1を用いて説明することにしよう。キリンのシェアは50年の30.0％，60年の44.6％，70年の55.4％，72年の60.1％と22年間で2倍以上に拡大している。それ以降においては，キリンが74年に行った「シェア自粛」(たとえば，工場建設の自粛)も作用していると思われるが，85年までは60％台の水準を維持している。これに対して，サッポロのシェアは50年の37.0％から76年の18.4％へと，26年間で半分以

表2-1　ビール産業の市場占有率　　　(単位；％)

暦年	キリン	サッポロ	アサヒ	サントリー	オリオン
1950	30.0	37.0	33.0		
1955	36.8	31.4	31.8		
1960	44.6	26.1	27.3		
1965	47.3	25.3	23.5	1.9	
1970	55.4	23.0	17.2	4.4	
1975	60.6	20.2	13.4	5.8	
1980	62.2	19.7	11.0	7.1	
1980	61.8	19.6	10.9	7.1	0.6
1985	60.8	19.5	9.8	9.1	0.8
1990	49.3	17.9	24.4	7.5	0.9

資料；公正取引委員会『日本産業集中の実態』東洋経済新報社，同『日本の産業集中』東洋経済新報社，東洋経済『統計月報』，日刊経済通信社『酒類食品統計月報』。

下となってしまった。それ以降はほぼ19％台にとどまっている。アサヒのシェアは30年間に三分の一に縮小し，80年代前半には10％前後まで落ち込んでしまったのである。

　57年に新規参入した宝酒造は，一時（60〜65年）シェアを2％台に乗せることができたのであるが，成長する市場需要の恩恵に十分浴することができないで，遂に67年に市場から撤退することになってしまった。また，63年に新規参入したサントリーも75年頃まで規模の経済性を確保するほどのシェアを得ることができないで，12〜13年も停滞していた。それ以降，徐々にではあるがシェアを拡大して，80年代前半にはアサヒに迫るまでになった。

　要約すると，キリンは知名度と信頼性の高い「キリンビール」が消費者に選好されたことと50年以降積極的に生産力を増強したことで，76年までシェアを伸ばしつづけ，それ以降80年代前半まで60％台を維持していたのである。サッポロは70年代半ばまでのシェア逓減傾向に歯止めを掛け，それ以降80年代半ばまでほぼ20％を維持している。アサヒは80年代半ばまでシェアの長期低落傾向を示したのに対して，サントリーはほぼ順調にシェアを伸ばし，現在では10％に手が届くところにまで成長している。ビール産業は，企業数と売手集中度から「高度集中型寡占産業」あるいは俗にキリンを頂点とする「ガリバー型寡占産業」といってよい市場構造を形成しているのである。

1）　『有価証券報告書総覧』1986年，1987年，1999年，2000年。99年12月における各社の生産能力は，『総覧』に記載されていない。ビール・発泡酒セグメントの生産実績及び従業者数〈就業人員〉——臨時従業員数と全社共通人員数を含む——を示すと，キリンは11工場で386.8万kl，11,260人，1人当たり343.5kl。アサヒは9工場306.0万kl，10,584人，1人当たり289.1kl。サッポロは9工場109.8万kl，4,519人，1人当たり243.0kl。

2）　キリンの独走は，主として，昭和30年代の設備拡張競争の時代において，他社より3〜5年くらい先行して生産設備の拡大を図ったこと，またその設備のフル操業に努めたこと——均質な商品「ラガービール」の大量生産とコスト低下——によって増

大する需要の波に乗り，シェアを拡大することができたこと，によるであろう。なおキリンは「ビール産業の寡占構造と当社の立場」（1977 年）のなかで，キリンビールがトップブランドの地位を確保したのは不断の経営努力の結果であるとして，次のような点を掲げている。
① 戦前から，高級イメージの確立に努力してきたこと
② 戦後，原料割当て比率，協定生産比率が，他社に比べて著しく低く定められているという不利な条件を克服してきたこと
③ いくつかの合理化努力を推進してきたこと
④ 品質本意の姿勢を貫徹してきたこと

2. 製品差別化

産業組織論が分析対象とするものは，基本的には，特定の産業であるが，この産業とは「同一の製品を供給している企業のグループ」のことである。しかしながら，現実にはある産業に属する企業が，同一の製品を供給していることはまれである。たとえば，A 社のオーディオ機器と B 社のそれとは，大きさや形（デザイン，スタイル），色，機能，音質などの点で異なっている。それぞれの企業はこれらの点で研究開発の努力を行っている。その結果として，それぞれの企業の製品は様々な点で異なっている。また，企業は広告によって自社製品の特徴を消費者に訴え，その差異を一層強調している。このように，ある企業の製品が他社の製品と比べて，物理的な性質，買手の主観的なイメージ，立地，付帯サービスなどの点で異なっていて，他社の製品よりもたとえ価格が高くてもその企業の製品を購入しようとする買手がいる場合，この製品は差別化されていることになる。また，複数の製品間に実質的な差異が無くても，買手の主観的な判断によって，それらの製品が異なっているものとしてイメージされるならば，この製品は差別化されているものとして存在することになる。殊に，ビール，マヨネーズ，ハム等々の飲食物は，イメージ商品的性格が強いので，ある会社の商品ないしブランドのイメージ

が他社のそれと比べて優れているならば，消費者により一層選好されることになるであろう。

　差別化とは，「製品それ自体の特徴」——たとえば，パテントのついた排他的な特徴・商標・商品名，それらが買手に与えるイメージ。包装や容器が用いられる場合その特異性。品質・デザイン・色・スタイル——と，「製品の販売をめぐる諸条件」——たとえば，売手の立地の便利さ・店の格調や性格。公正な取引をするという信望や丁寧さ。顧客と商店主・使用人との間の個人的なつながり。付帯サービス——に関連して行われる製品政策である[1]。

　ビール産業の場合には，主として「ビールそれ自体の特徴」＝中身がたとえば醸造法の違いや原料及び副原料の違いから，あるいは中身以外の点がたとえば容器及び販売方法の違いから，差別化されるのである。

(1) ビールそれ自体

　ビールは，基本的には，麦芽，ホップ，水を原料に発酵させた酒類である。ビールの旨味（口当たり及び味わいと香り）は，味の成分であるアルコール（濃いビールほどアルコール濃度が高い）と苦味（ホップの量を増減することでコントロールする）及び香りの成分であるホップと麦芽の香りで規定される。これにビールの外観である泡（純白で，きめ細かく盛り上がり，なかなか消えないものがよい）と色（コハク色。麦芽の乾燥温度で色の度合いが調整される）が加わって，ビールをさらにおいしいものにする。従って，主原料である麦芽を大麦で作るか小麦で作るか，麦芽の乾燥温度をどの程度にするか，どのような副原料を使用するか，ホップの使用料をどの程度にするか，どのような酵母を使用するか，等によってビールの旨味は違ってくる。また，ビールの発酵方法（発酵温度と発酵期間——これによってビールのタイプと性格が決まる——）によっても違ってくる。上面発酵法の場合，発酵中の炭酸ガス発生によって生じる気泡とともに発酵液の表面に浮上し，ある期間後に底に沈殿する酵母を用いて摂氏15〜25度で発酵させてビールを醸造する。

この方法で造られたビールの香味は「華やかで果実的な香りが強い」といわれる。他方、下面発酵法の場合、発酵の旺盛なとき液中に分散し、発酵が終わりに近づくと底に凝集して沈降する酵母を用いて摂氏5～10度で7～12日間くらい発酵させ、さらに零度くらいの低温で1ヵ月以上熟成させてビールを醸造する。この方法で造られたビールの香味は「穏やかですっきりとした感じがする」といわれている。

ビールそれ自体は、どのような原料・副原料を使用するか、麦芽をどの程度乾燥させるか、どのような醸造方法を採用するか、貯蔵が終わったビールをどのように濾過するか（清酒は搾るが、ビールは搾らない）、更にそれを熱処理するかそれとも熱処理しないか、等によって色々なビールが出来上がるのである。たとえば、ラガービールは、貯蔵に向くように造られたビール、または貯蔵庫で充分時間をかけて成熟させたビールであるが、貯蔵向きに造るためには濃い麦芽汁を用い、低温で下面発酵酵母を用いて長い日数（通常7～12日）をかけて発酵させ、未発酵糖分を残したまま冷蔵貯蔵タンクに密封して長期間成熟（副発酵）させることになる。この副発酵期間中に炭酸ガスが液中に含有されて、天然の発泡性が得られることになる。こうして出来上がったビールは、次のような商品特性を持っている。

① 保存性に乏しく、長期間の在庫ができないこと（最近は品質管理技術が昔と比べ進んでいる）
② 季節商品的な性格を有すること（最近は室内暖房が普及して、この性格は薄らいできてはいる）
③ 嗜好性が強く、保守的な性格を有していること
④ ほぼ同一の原料と製造方法で造られているため、銘柄別の味の特徴はあまり無く、消費者の商品選択の基準は、味よりもブランド・イメージに影響される面が大きいこと

(2) 容器・販売方法

　貯蔵が終わったビールは濾過され，それを樽に詰めて，残存酵母が繁殖しない短期間に，ビアホールや飲料店で販売される。樽からジョッキに注いで販売するものが本来の生ビールである。現在では，微細な穴の空いた多孔質セラミックやステンレス薄板などでビールを濾過し，残存酵母を除去した後に，びんや缶や樽に充填して販売される。これは，熱処理されていないビールである。これに対して，残存酵母が存在するビールをびんや缶に詰め、摂氏60度で30分間ほど熱処理されたものが，熱処理ビールである。

　ビールの販売方法には，ジョッキ売りか，びん，缶，樽に詰めて売るやり方がある。これは，ビールそれ自体の違いとも関連した製品差別化である。びん，缶，樽詰めビールは，買手の飲む容量あるいは使い勝手にかなうように「販売する容量を細分化」したものである。これから派生的に，びんならびん同士の間で，あるいはびんと缶の間で「容器の差別化」が行われることになる。これらの二つの面を持ったものが，容器それ自体の差別化である。更にビールそれ自体と容器それ自体の差別化が同時に行われることで，市場は多数の商品で賑わいを呈することになる。

　伝統的な大・中・小びんに対して差別化されたびん容器は，63年4月の「サッポロジャイアンツ」と64年3月の「アサヒスタイニー」である。びん詰めビールに対して差別化された缶ビールは，58年9月のアサヒの「缶ビール」（日本初の缶入り。日本初のアルミ缶入りは，71年6月に同社から発売）である。そして，缶容器の多様化の始まりは72年6月にサントリーが発売した「ロングサイズ缶」（500 ml）であり，ミニ樽ブームの先鞭をなすものは77年5月にアサヒが発売した「生ミニ樽」（7 l。樽型容器の大型アルミ缶）である。更に，容器戦争の発端になるのはアサヒが79年4月に発売した「ミニ樽」（3 l）である。ミニ樽の素材は81年3月にはPET（ポリエチレン・テレフタレート）になる（サッポロが世界初のPET容器入り「樽生2リットル」を発売）。

(3) ブランド

　ビールは，消費者の飲料に対する嗜好，感性，味覚，好みなどによって売上高が左右される。このことは，ビールの中身や容器の違いと関連してくるのであるが，たとえば「飛天ビール」というブランドが消費者の購買動機——有名ブランド品を贈答品として贈った場合，相手先に喜ばれるのではないか，あるいは他の商品より品質の点で不安が無い，というような動機——に大きな影響を及ぼすとも考えられるのである。なぜならば，みずかわずみ麦酒醸造所が「飛天ビール」というブランドを消費者に浸透させるために長年にわたって，ある時は「麦は健康によい。"飛天ビール"飲んで 洒落を飛ばそう」，またある時は「秘境 "黒川" の 湧水で造られた "飛天ビール"」というコピーで広告活動を行って非常に高い信頼性と高品質の商品イメージを得ているならば，そうでないビールと比べて消費者はこの「飛天ビール」を盲目的に選好する行動をとるようになるであろうからである。

　このようにして，ブランド・ロイヤリティが確立したビールとそうでないものとを比較した場合，両者の間には大きな差異が存在することになる。このようなブランド商品が市場に存在するようになれば，ブランドあるいは商品名そのものが独占的要素の一つとなるであろう。そして，消費者から一定の信頼性を獲得しているブランド商品を販売する企業は，その商品に対して価格支配力を持つことになるであろう。キリンが70年代半ば頃までシェアを伸ばした事情には，次のようなこともある。キリンは戦前から一貫したブランドと販売網を維持してきたこと，また戦前・戦後において家庭用需要に重点を置いてきたこと，これに対して，サッポロとアサヒは戦後の分割によりブランド・イメージが中断され，且つ販売網が分割されたこと，加えて戦前には業務用需要に依存していたが，戦後のビール需要構造が家庭用向けに著しく高くなったことが裏目にでたようである。

(4) 製品差別型寡占

　経済学では，商品を同質的あるいは同一商品と差別化された商品に区別する。ビールが同質的であるということは，各社間の，たとえばラガービールそれ自体が物質的性質においてほとんど変わらないということである。しかしながら，ビールはその物質的性質——原料，副原料，ホップ，アルコール度数，色，味，泡立ち，舌触り，喉越し——にもとづいて製品差別化を行えば，多様な製品——ラガービール，生ビール，黒ビール，ライトビール，スタウトなど——が造られるはずである。事実，昭和30年代後半からキリンのラガービールに対して新製品が開発されて[5]，その売れ行きは一時的には良好であったが長続きはしなかった。このことは，平均的な消費者は味，舌触り，喉越し，タイプなどの相違にもとづいて特定企業の商品を選好する行動をとることが少なかったことを意味するであろう。それは，各社のビールの味は「目隠しして飲めば，どれも同じ」あるいは「大同小異」という状態であったからであろう[6]。しかし，67年4月に発売された「サントリー純生」以降は，徐々にではあるが差別化された商品が消費者に受け入れられるようになってきたのである。

　ここで，キリンの独走という事実と製品差別化について，次のことを確認しておこう。キリンは75年まで，他社がいくつかの製品差別化商品を売り出したのに，「ラガービール一本槍」という生産志向を取ってきたこと，あるいは「ラガービールの大びん」中心主義という姿勢を取ってきたこと，他方消費者はラガービール分野で「キリンビール」に対する「ブランド信仰」を拡大してきたこと，この両者が合体して，この分野におけるキリンのシェアを，ビール需要の増大過程で大きくし，キリンの独走を許すことになった。これがまた，「キリンビール」をより一層強いブランドにした。消費者の「キリンビール」に対するブランド・ロイヤリティが強いため，彼らの多くはラガービール分野においては「キリンビール」というブランドを選好するのである。ラガービール分野における「キリンビール」というブランドが特に強い独占

的要素を得ていることが，同時に全てのビール分野においても強い独占的要素を得ていることに繋がっている。キリンを除く他のメーカーはラガービール以外の分野で，独占的要素を得ようと思って差別化された商品を売り出したのであるが，それに成功したようには思えない。とにかく，このようなことからして，ビール産業は製品差別型寡占産業であるといえるであろう。

　上で述べたように，ラガービール分野で各社はブランドの面で差別化されているのであるが，差別化はこれだけではなかった。消費者から大びんの「キリンビール」に対して強固なブランド・ロイヤリティを得ているキリンに対峙する形で，サッポロとアサヒは積極的に缶ビール，特大びんや極小びん詰めビール，生ビールを発売して「製品それ自体」や「製品それ自体以外」の点で差別化政策を取ってきたのである。75年頃までの，この製品差別化政策による新製品開発競争（表2-2）はいずれも不成功に終わったようで，サッポロとアサヒのシェア減退を食い止めることはできなかった。しかしながら，73年の石油ショック以降になると，それ以前から進行していた所得の増加や生活の洋風化に加えて，国民の生活をエンジョイする傾向が強まってきて，ビール党の好みが一段と多様化・個性化――自分の気に入った「味」や「雰囲気」を楽しむ層の増加及び女性のビールファンの増加――してきたので，製品差別化が急速に消費者に受け入れられるようになってきた。たとえば，67年の缶ビール消費量は業界全体で39,602klであったが，5年後の72年には133,233kl，10年後の77年には240,760kl（67年比で6倍強増加）に達した。缶ビールのビール全体に占める割合は，67年の1.6％から72年の3.9％，77年の5.8％へと拡大した。また，個性的な「味」をもつ輸入ビールは75年約33万ケース（前年比75％増加），76年約40万ケース（同，23％増加），77年約68万ケース（同，70％増加）と伸び，5年前と比べて約4倍も増加しているのである。[7]

　このような事実から，ビール産業は製品差別型寡占産業といってよいであろう。ところが，この点に関して，井口富夫氏は「ビール業は，（少数の大企

表 2-2 製品開発(その1)

年	キリン	サッポロ	アサヒ	サントリー
1957～1964	60.缶ビール	59.缶ビール 63.ジャイアンツ 64.生小びん 64.ギネス	57.ゴールド 58.缶ビール 64.スタイニー	63.北欧タイプのサントリービール
1965	プルトップ缶	ストライク プルトップ缶	プルトップ缶	
1967		ファイブスター（小びん）		純生 缶ビール
1968			スタイニー（黒） 本生	
1969		びん生 ライトビール		
1970	プリントびん			ワンショット（200 ml）
1971		ヱビス（大びん）	アルミ缶	
1972		ヱビス（350 ml 缶）		ロングサイズ（500 ml 缶）
1974		樽生（2000 ml）		
1976	マインブロイ			
1977		びん生（大びん） 缶（500 ml）	缶（500 ml） 生ミニ樽（7 l） 新商標のブラック（小びん） スタウト（小びん）	アルミ缶 メルツェン，同ドラフト（350 ml びん、350 ml 缶）
1978	缶（500 ml）		新商標の本生 ミニ樽（5 l）	ナマ樽（5 l，10 l） ジャンボ缶（1 l） ミニ缶（250 ml）
1979		缶（1 l） 樽生（10 l）	ミニ樽（3 l），10 l 樽，缶（1 l）	

資料；各社の会社パンフレット及び各社からの聞き取りによって作成（拙論「ビール産業における製品差別化」より）。

業のみからなる…引用者，以下同じ）集中型，非差別型，（大企業の市場シェアが不均等である）不均等分布型及び（寡占企業間の関係に着目して）協調型の寡占である」とされている[8]。これまでの叙述から明らかなように，ビール産業を非差別型寡占・協調型寡占と規定することには賛成しかねる。協調型寡占について，念のため一言しておく。価格改定において，ビール各社は協調的行動をとっている——この点で協調的であることは認める——が，決して各社が競争していないわけではない。既に見たように，ビール各社は新製品開発＝製品差別化，広告宣伝＝販売促進，設備投資などの面で相互に激しい競争を展開してきたし，また行っている[9]。従って，ビール各社は価格の面では協調しながらも，非価格の面では競争をしているのである。それゆえ，ビール産業は「協調と競争」の二つの局面を備えている産業，つまり「協調的競争産業」である。また，キリンのシェアが極度に高い寡占産業で，しかもブランド，味，タイプ，容器その他で製品が差別化されている産業であるから「高度集中・差別型産業」でもある。

1) E.H.チェンバリン著，青山秀夫訳『独占的競争の理論』至誠堂，1972年，72～73頁。
2) 上面発酵ビールと下面発酵ビールは，それぞれ，色によって淡色ビール，中等色ビール，濃色ビールに分類される。更に，それぞれが産地によって区分される。たとえば，下面発酵ビール…淡色ビール…ピルスナービールのごとくに。
3) 生ビール（draught beer）について，色々な説明あるいは解説があるので，ここで記述しておく。生ビールとは，熱気殺菌していない（unpasteurized）ビールを樽から注ぎ出し（draught or draft）て，ジョッキで飲むビール，あるいはジョッキ売りビールである。ジョッキで飲ませる生ビールは単にラガーを生で飲ませるというのではなく，最初から生ビール部門で醸造するもので，貯蔵期間も短く，本来のラガーとは醸造法も風味も最初から違っている。山本千代喜『酒読本』春秋社，1957年，22～40頁参照。
　　生ビール（あるいは昭和40年代におけるサッポロとアサヒの生ビール戦争）については，色々な解説・批判の書物がある。下記のものを参照されたい。
　　坂口謹一郎『酒の世界』岩波書店，1957年，125頁。サッポロビール『SAPPORO BEER GUIDE』(1977年作成のもの) 16頁。日本消費者連盟編著『ほんものの酒を！』

三一書房，1982年，171〜175頁。麒麟麦酒株式会社社史編纂委員会編『麒麟麦酒の歴史——続戦後編』1985年，185頁。伊達四郎『サントリー魔術商法の崩壊』青年書館，1985年，143頁。中田重光『キリンビールの変身』ダイヤモンド社，1988年，64頁。遠藤一夫『日本の技術　ビールの100年』第一法規，1989年，118頁。

　伊達氏の上記の書143頁に，昭和39年にびんとビールを別々に20秒間，70度で瞬間的に加熱殺菌した"生ビール"「びん生」を発売したとある。この類のことは，今日清酒業界においても行われている。稲垣真美氏は，日本酒の「生酒」について，生貯蔵酒は最終的に加熱処理しているのに「生」の文字を使えるなど，腑に落ちない点もある，と語っておられる（『日本経済新聞』1989年10月12日）。生でないものを生と言いくるめた新商品を発明する日本人の企業家精神。見上げたものか，見下げたものか？

4）　公正取引委員会『管理価格（2）』大蔵省印刷局，1972年，2頁。

5）　60年代における新製品開発は，過剰生産能力と何らかの関わりがあるのではなかろうか。あるいは，操業度の低下——キリンは64〜67年を除いて100％以上，サッポロは60，61年と67年を除いて100％以下，アサヒは全般的に100％以下——が，新製品の開発に向かわしめたのではなかろうか。過剰生産能力と製品差別化の関係については，拙論「標準原価原理の検討——GM社の事例を基礎に——」『専修経済学論集』第11巻，第1号を参照されたい。

6）　経済企画庁『消費者購買調査——ビール』（1972年）によると，「キリンビール」と「サントリー純生」の間には「味の差」があるということである。これは「サントリー純生」が「キリンビール」と違う商品＝差別化された商品であることを意味している。では，同じラガービールを比較した時，ブランド間に「味の差」があったのであろうか。

　片山又一郎氏は『キリン対サントリー商法』評言社，1979年，120頁において「味の差」について次のように述べておられる。——「キリン」については主観的な味の差異が存在している。これに対して「サントリー純生」が作り出した味の差異は，生ビールとラガービールの違いによる客観的な味の差異である。……「キリン」のそれが客観的なものであるといっても，消費者があると思い込んでいれば，それはどうしようもないことである。まさしく，これが嗜好品についての製品差別化であろうと。

7）　サントリー株式会社広報室『サントリー月報』第55号，1978年4月，参照。

8）　中西健一，他『企業行動の多面的分析』晃洋書房，1983年，61頁。

9）　小西唯雄，橋本介三氏は，ビール産業における競争の特徴は「広告宣伝，販売促進を主体にした非価格競争」であり，「販売費及び販売促進に関わる費用の企業間格差が，対売上高営業利益率の格差となって現れる」としている。熊谷尚夫編『日本の産業組織Ⅲ』中央公論社，1976年，97頁。

3. 参入障壁

　参入障壁とは，競争者が収益性あるいは成長率に誘引されてある産業に参入しようとする場合，いつでも自由に参入できるのではなく，参入しがたい何らかの障壁があることである。この障壁は既存企業と潜在的企業の競争関係として現れる（90年代の産業組織論には潜在的競争や「サンク・コスト」の果たす役割を強調する「コンテスタビリティ理論」が取り入れられている）。参入の程度は，当該産業の市場構造を規定する重要な要因である。たとえば，清酒業のように参入障壁の程度が極めて低い産業では3,000を超える企業が存在し，写真フィルム業のようにそれがきわめて高い産業ではわずか数社の企業が存在するに過ぎない。また，参入障壁の程度は，既存企業の価格政策に重大な影響を及ぼすことにもなる（理論的には「参入阻止価格論」がある）[1]。

　この参入障壁を形成する要因は，既存企業の規模の経済性の優位性，製品差別化の優位性，技術や販路などにおける費用上の絶対的優位性及び制度的規制等である。ここでは，規模の経済性と関わる工場建設費の大きさと制度的規制について説明することにする。

(1) 工場建設費

　ビール産業は古い産業で生産技術が既に確立しているので，生産技術の面で参入障壁が問題になるのは次のような点からである。ビール製造の機械設備は流行遅れになるものが少ない。それゆえ，既存産業は只同然の機械設備で長期間にわたって操業できるので，新規参入企業はコストの面で劣位にならざるを得ない。反対に，機械設備が流行遅れになる可能性の大きい産業（たとえば，半導体産業）では，新規企業は既存企業より優れた機械設備でもって参入することができるので，コストの面で優位になりうる可能性が大きい[2]。このような点を認識した上で，新しく工場を建設するためには，大雑

把にどのくらいの費用が必要になるのか，この点を確認することにしよう。

88年7月，キリンは年産能力0.2万klの「ミニ・ブルーワリー」を約20億円で，翌年2月，サントリーは年産能力0.1万klの「ミニ・ブルーワリー」を約10億円で建設した。平均規模の工場が年産10万klであると仮定すると，一つの工場を建設する費用は，単純に計算して約1,000億円となる。ただし，建設費の場合も規模の経済性が働く——装置産業では比較的多く球状の設備が使用されている。球の容積を2倍にすると，表面積は1.56倍になる。機械，装置及び建物の建設においては，一般的に「0.6乗の法則」が作用するといわれている。つまり，設備の規模を2倍にすると，建設費は2の0.6乗，即ち1.52倍でよいことになる——から，実際上はもっと少額になるであろう。

86年5月に稼動したキリン千歳工場——87年1月現在で年産能力5万kl——の建設費（85年の投下資本額）は34億8,500万円（うち，土地代8億3,800万円）であった。88年6月竣工のサッポロの千葉工場の場合は，第一期工事の年間製造能力は19万klで，建設費（用地代を含む）は約550億円。敷地は5万坪である。設備としては，たとえば麦芽用貯槽（容量250トン，15基。同150トン，2基），発酵タンク（容量480kl，14基。同120kl，2基），貯酒タンク（容量590kl，41基）などを備えている。まさしく，ビール産業は巨大な装置産業——遠藤一夫『日本の技術 ビールの100年』第一法規，1989年——である。アサヒが91年1月に完成させた茨城工場の場合は，第一期工事の年産能力は18万kl（将来は同53万klに拡張予定），敷地面積は42万4,000平方メートル弱で簿価は189億円強（93年12月の有価証券報告書総覧），この時予定された投資総額は880億円である（日本経済新聞，91年3月12日）。

これらの数値から（時間的なずれがあるが），年産能力10万klの平均規模の工場建設費は，およそ290～490億円（敷地面積や土地代で大きな差が出る）である。他の産業と比べて大きくもないし，逆に小さくもない金額である。投資金額（販売に関わる費用を除く生産設備費のみ）からみた参入障壁の高さは，大雑把には中位である。[3]

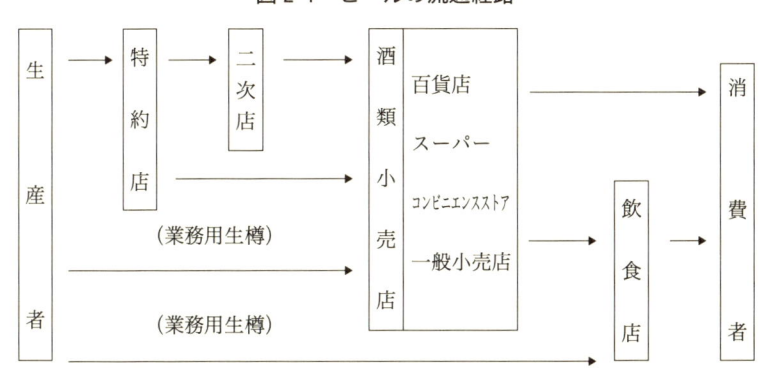

図 2-1　ビールの流通経路

```
生産者 → 特約店 → 二次店 → 酒類小売店（百貨店／スーパー／コンビニエンスストア／一般小売店） → 消費者
                    （業務用生樽）              ↓
                                            飲食店 → 消費者
         （業務用生樽）
```

資料；公正取引委員会編『高度寡占産業における競争の実態』1992年, 152頁。

(2) 制度的規制

　ビールの流通経路（図2-1）は，業務用でない場合，生産者から特約店へ，次に特約店から（更に一部は二次店を通って）酒類小売店（百貨店，スーパーマーケット，コンビニエンスストア，一般小売店）へ，最後に酒類小売店から消費者へという構造になっている。業務用の場合，生産者から酒類小売店を通って飲食店へ，あるいは直接生産者から飲食店へという構造になっている。そこで，ビールの製造，販売に関わっている事業者の状態を示すと，次のようになっている。

　94年3月末には，ビール製造場は49場（メーカーは5社），卸売りは18,014場（全酒類とビールのみを取り扱うもの），小売り160,112場（全酒類を取り扱うもの）である。『商業統計』平成9年度版によると，酒類卸売業の商店数は5,655店，酒小売業の商店数は92,436店である。製造，卸売り及び小売りの各段階に規制があるので，それぞれ，免許を取らないことには，ビールを製造することも，販売することもできない。それゆえ，新しくビール産業に参入することは極めて難しい（難しかった）といえる。ただし，94年4月の酒税法改正により，95年11月現在で全国に16の地ビール醸造所が営業を

行っている。

a. 製造免許

　酒税法（第十条）では，酒税の保全上，経営の基礎が薄弱であると認められる不適格者を除外した上で，酒類の需給の均衡を維持する必要があるため，酒類の製造（または販売業）を免許制にするとしている。要するに，酒税法は税金を確保することを目的に定められたものである。今日では，酒類に課税する理由が問われてしかるべきである。酒類に人格があるとすると，それは他の多くの課税されない財・サービスと比べて差別扱いされていることになる。すべての財・サービスが公平に扱われるべきで，それならば，消費税だけで充分である。

　また，酒税法（第七条）では，酒類を製造しようとする者は，製造しようとする酒類の種類別に，製造場ごとに，その製造場の所在地の所轄税務署長の免許を受けなければならない，と定めている。そして，製造免許は，一の製造場における免許を受けた後1年間の酒類の製造見込み数量が，ビールの場合94年4月の改正前2,000 kl，改正後60 kl（清酒60 kl，焼酎乙類6 kl，雑酒6 kl）に達しない場合には，受けることができない，と定めている。改正前のビールの年間最低製造量は2,000 klで，これは大びん（633 ml）換算で1日当たり8,657本に相当する数量であって，他の酒類の約33倍から333倍もの数量であったが，改正後は他の酒類と同じ数量になった。ただし，60 klという数量は大びん換算で1日当たり260本に相当する数量である。清酒業界で，これだけの数量を造れるメーカーは，灘や伏見の中堅クラスであるといわれている。ビール製造は，改正前においては実質的に，大資本にしかできなく，このような規制をすることで，政府は容易に確実に酒税を確保しようとしていたのである。この酒税法で注意すべき点は，「製造業免許」ではなくて，「製造免許」となっていることである。人が飯を炊いて食べること，魚を焼いて食べること，味噌汁を作って飲むことは法律で禁じられていないにもかかわらず，酒を造って飲むこと（自家醸造）だけは法律で禁じられて

表 2-3 ビール製造免許場数の推移

(単位；場)

年度	主たるもの	その他	年度	主たるもの	その他
1955	13	—	1985	38	—
1960	16	—	1990	41	5
1965	25	—	1992	42	7
1970	28	—	1994	49	14
1975	32	—	1996	143	25
1980	35	—			

注；製造場で複数の酒類の免許を有しているものについて，主たるものとその他に区分してある。
資料；日刊経済通信社『酒類食品統計年報』1982年版以降より作成。

いることである。文明国家で先進国と自認している国，たとえばイギリスは63年に，アメリカは79年に自家醸造を認めている。日本も文明国家であるならば，この悪法は早く改正すべきである。

　ビール製造免許場の数（表2-3）は，55年の13場から70年の28場へと2.2倍に増加しているのに対して，ビール生産量は55年の40.6万klから70年の398.1万klへと9.8倍も増加している。この間に，新規に参入した企業は2社に過ぎなく，免許が付与された製造場は4場——宝酒造の木崎工場と京都工場及びサントリーの武蔵野工場と桂工場——でしかない。他方，既存企業には11場（第二工場と増設を含む）——キリン7場，サッポロ3場，アサヒ2場（北海道朝日麦酒分を含む）——に免許が付与された。その後，宝酒造は退出し，その京都工場はキリンに，木崎工場はサッポロに67年に買収されている。既存企業ほど優遇されたようである。勿論，製造場だけの数に単純化してはならないのであって，生産能力の増設も認められている。たとえば，サントリー武蔵野工場の当初年間生産能力は4.5万klで，それが64年に9万kl，73年に15.2万klに増強されている。

b. 販売場免許

　酒税法（第九条）では，酒類の販売業をしようとする者は，販売場ごとに

その販売場の所在地の所轄税務署長の免許を受けなければならない，と定めている。しかも，「距離基準」——既存店から100〜150メートル離れていないと新規に開店はできない基準——や「人口基準」——人口数で店数を制限する基準——に基づいて免許を公布することになっていた（いる）のである。

　政府は，98年3月の閣議で2000年9月1日から酒類販売業の出店規制を廃止することを決定した。ところが，同年8月30日，政府は持回り閣議で2001年1月1日まで延期することを決定した。その主要な理由は，未成年者対策や不当廉売対策が取られるまでは規制緩和を延期する，といったものである。「未成年者飲酒の禁止及び営業者の未成年者への販売禁止」（「未成年者飲酒禁止法」22年制定）はこれまでずっと野放し状態であった。法の制定ならば短時間でできることであろうが，制定しないまま今日まできたのである。販売業者の不当廉売だけを問題にするのではなく，製造業者の過度な広告宣伝や高利潤も問題にすべきであろう。

　産業組織論上，販売業が規制されている場合の問題は，ビール製造免許が得られたとしても，既存メーカーが既存卸売業者を系列化し，小売業が免許で出店規制されている状況の下では，新規参入企業が新たに販売網を組織して，自分の商品を大量に売りさばくことはほとんど不可能であろう。製販三層（メーカー，卸，小売り）による閉鎖体制が存在する限り，業界全体として競争マインドは低下し，消費者へのサービスあるいは利益還元などはほとんど期待できないであろう。わが国のビール業界では，64年4月以降，自由価格制であるにもかかわらず，ビール一本購入しようが二十本購入しようが，1円たりとも安く売ることはしなかった。消費者へのサービスは配達程度で，ある店では店員の笑顔さえなかったのである。ほとんど営業努力をすることもなく，最低限食っていけることを保証するシステムが規制によって構築されていたのである。

　卸・小売り場数の推移を示したものが表2-4である。55〜70年において，卸売りは20％減少し，小売りは46％増加している。この間に，ビールの生産

表2-4　酒類販売免許場の推移

(単位；場)

年度	卸売り	小売り	年度	卸売り	小売り
1955	5,506	96,451	1985	14,771	159,666
1960	4,622	122,923	1990	15,027	161,523
1965	4,377	132,447	1992	18,308	158,636
1970	4,375	140,622	1994	18,014	160,112
1975	20,801	144,942	1996	17,474	162,406
1980	15,544	155,734			

注；71年10月の販売業免許の一本化特別措置実施に伴い，統計方法が変更された。卸売りと小売りの区分は72年以降，従前と異なっている。
資料；表2-3と同じ。

量及び消費量は最も増加した時期で，前者は7.3倍，後者は7.9倍も増加している。これほど市場が拡大する状況は，新規に参入を企てる企業にとってはかなり有利な市場条件であると考えられる。57年に宝酒造が新規に参入したが，67年には退出を余儀なくされている。また，63年にサントリーが新規に参入したが，規模の経済性を享受できるほどの市場を確保することができたのは75年頃である（シェア5.8%）。それは，両者とも既存の卸売り系列化——先発3社と卸業者の間で，他社のブランドを取り扱わないという排他的特約店制度が存在していた。ただし，京浜・北九州地区では併販制となっていた——に苦しめられたためである。加えて，ビールは「イメージ商品」であるから，イメージを壊すような口コミ——「焼酎くさい」，「ウィスキーくさい」，「水っぽい」，「酢っぱい」といった口コミ——が，既存企業から流されると，それは充分「参入阻止的行動」になる。[5]

75年以降において，卸売り場は，一時期増加する時もあるが，逓減的傾向をたどっている（96年は75年比で16%減少）が，逆に小売り場は逓増的傾向をたどっている（同じく，12%増加）。小売り場の増加は89年から酒類免許の緩和が進んだことによるであろう。これによって，消費者は従来よりも身近で買い物ができるようになった。

以上のことから，わが国ビール産業は規模の経済性，工場建設費，製品差別化，及び制度的規制などの参入障壁の面から見て，かなり高い障壁を保持していた寡占産業であったといえるであろう。同質的寡占産業の場合，ある会社が価格を引下げて売上高を増加させようとすると，他社も同じように価格を引下げて対抗する。結果的には，お互いに利益とはならないで，損失を被ることになるかもしれない。逆に，ある会社がコスト上昇を理由に価格を引上げたとすると，他社はこれに追随してこないであろうから，この会社の売上高は大幅に減少することになるであろう。それゆえに，この会社は価格の引上げを思いとどまるであろう。これを説明するのが「屈折需要曲線の理論」である。他方，各社が価格競争を避けるために採用する戦略が，いわゆる「非価格競争」——製品差別化，品質，宣伝広告，サービス等の面での競争——である。

1) 西田稔，片山誠一編『現代産業組織論』有斐閣，1991年，小西唯雄編『産業組織論の新潮流と競争政策』晃洋書房，1994年参照。
2) 三宅勇三『ビール企業史』三滝社，1977年，89頁には，次のような記述がある。——概してビール企業の機械設備には，流行遅れになるものが少ない。この点他の化学工業に比べて異なる点である。設備の過剰投資とは設備能力が過剰になるということだけでなく，設備が流行遅れ，陳腐化するということをも意味する。この点からいうと，ビール企業は，非常に経営の楽な業種であると。
3) 植草益氏は『産業組織論』筑摩書房，1982年，108〜113頁で，次のように述べている。——「規模の経済性障壁」と「必要資本量障壁」の点から見ると，ビール産業は中位・低位の参入障壁産業である。しかし，「製品差別障壁」と「絶対的費用障壁」（技術障壁・販売障壁・行政的障壁）から見ると，ビール産業は極高位の参入障壁産業であると。
4) 宝酒造は，57年4月から，ドイツのスタイネッカー社の機械と醸造技術にもとづいて「本格的なドイツ式の風味」を持った「タカラビール」を発売した。しかも，既存3社の大びん125円に対して500 ml中びん100円という差別化戦略を採用した。当初大蔵省に認可された製造量は10万石であった。申請は12万石であったが，朝日，日本，麒麟の各社が20万石の増設認可を申請したので，認可された量は，4社いずれも10万石ということになった。この時，新規に参入した宝酒造を積極的に育成する政策を採用していたならば，その後のビール産業はキリンを頂点とするガリバー型寡占

にならなかったかもしれない。『宝酒造株式会社三十年史』1958年,616頁。
5) 宝酒造が参入に失敗した原因について,今井賢一・他『価格理論Ⅲ』岩波書店,1972年,183頁に,次のような記述がある。――宝酒造が参入に失敗した原因は「決して広告の累積的効果」が小さかったからだけではなく,当時,業界の一部では既存のビール会社が,系列下の卸店にタカラ・ビールを扱わないようにとプレッシャーをかけたという噂があった。……サントリー・ビールの参入の際には,アサヒ・ビールが社長の一存で自社の系列の卸店をサントリー・ビールのために開放したので,市場から排除される恐れはなかったと。二宮欣也『"純生"の挑戦』ぺりかん社,1968年,20～25,119頁参照。

4. 市場需要の成長率

第1章,第3節,(1)ビール産業成長の歩みの項で,ビール市場の成長について説明しているので,ここでは,図2-2を用いて消費量及び消費額の成長率の推移をごく手短に説明することにしよう。

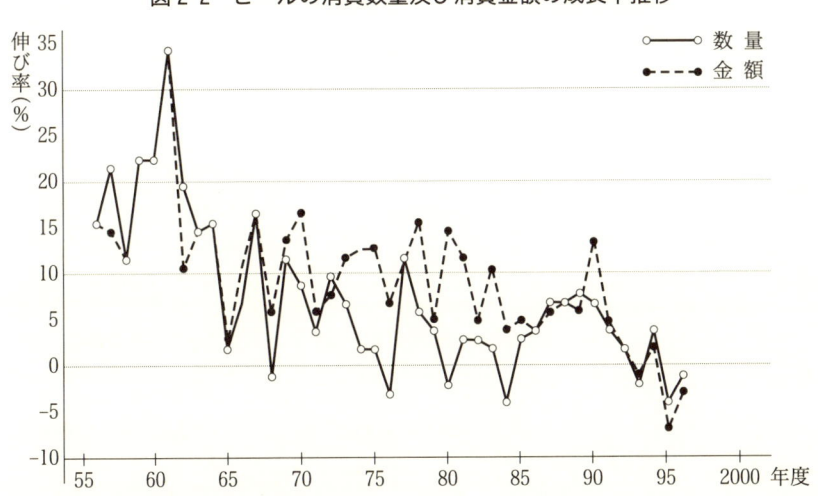

図2-2 ビールの消費数量及び消費金額の成長率推移

資料;『酒類食品統計年報』から作成。

55〜64年における消費量及び消費額の双方の成長率は，およそ12〜23%できわめて高い水準であった。次の65〜76年においては，数量の成長率はおよそ2〜11%で，金額の成長率はおよそ6〜13%で，後者の方が前者より多少大きかった。石油ショックによる物価上昇が影響していると考えられる。これらの期間は，全体的には高成長期であったし，また既に説明したように，70年代半ばまでに多くの新しい工場が建設され，且つ既存工場の生産能力が増強されて，ビール産業の生産基盤や経営基盤が堅固に形成された時期であった。

　77〜92年における数量の成長率はおよそ2〜6%であったが，77年から84年にかけては下降的傾向をたどっている。その後においてはやや持ち直して，多少の拡大的傾向を示している。金額の成長率は4〜12%であって，特に86年以降90年にかけては逓増的であった。加えて，73年から83年の11年間における数量と金額の成長率を見ると，数量面における成長率の縮小を金額面における成長率の拡大で補う形になっていることが特徴的である。77〜80年頃から製品差別化が本格化して，83〜85年にかけていわゆる「容器戦争」＝容器の差別化，85年以降に「味戦争」＝中身の差別化が展開される。85年以降における多少の拡大的傾向は，日本経済の好況が持続したこと，円高とも関連して内需が拡大的で家計の消費支出が堅実に推移したこと，味の多様化あるいは中身の差別化が消費者に受け入れられたことなどによるであろう。

　バブル経済崩壊後におけるビール市場の成長率は，数量及び金額の双方ともに，2%以下の低成長になっている。そして，両者の推移は，90年の金額面の成長率を除いて，85, 86年からほぼ同じ数値で，しかも同じ動きをしているのである。

　わが国のビール産業は，成長率が高い時期においても製造免許制と年間最低製造数量2,000 kl，卸売・小売業の免許制及び特約店制，更にブランドや品質に対する顧客の信頼性確保などの点で高い参入障壁が存在していた。加

えて，メーカーは似たり寄ったりの「ラガービール」を大量生産し，大量販売することに努め，他方消費者の多くは80年代半ば頃までは種類・タイプ・香味などに関心を抱くだけの飲酒経験がないから，大量に生産された似たり寄ったりのビールを沢山飲むことで満足していた。税務署は簡単に手間をかけずに税金を徴収できるようにとの思惑の下に，できるだけ企業を増やさないことを良策と考えたようである。このような状況や高度経済成長のもとでビールに対する市場需要が大きく持続的に成長していたことを背景に，2社が参入を試みたのであるが，そのうち1社は参入に成功し得なかった。90年代の規制緩和が進むまでは，新規企業が参入することは極めて困難な状況にあったといえる。

第3章
市場行動

前章において，ビール産業における企業の経済環境を構成する市場構造の主要な要素——売手集中度，製品差別化，参入障壁など——について説明した。市場構造のあり方の重要性は，それが諸企業の行動に何らかの影響を及ぼし，その企業行動をある方向に誘導する点にある。企業を取り巻く経済環境の変化に応じて価格，産出量，製品の特徴，販売促進費，広告宣伝費，研究開発費などを変えることが市場行動である。たとえば，ある寡占企業が既存商品の販売高を増加させることを目的に広告宣伝費を大幅に増額したとすると，他の競争企業はその企業に対抗するためにほぼ同額の広告宣伝費——理論的には，広告の機能及び広告費と売上高の関係——を支出するであろう。その結果，マーケットシェアは何ら変化しないかもしれない。あるいは，最初に広告宣伝費を大幅に増額した企業の広告宣伝が，消費者に受け入れられてその企業のシェアが大きく伸びて市場構造を変えることになるかもしれない。つまり，どのような政策手段を使って，いかなる行動をするかという企業行動は，当該産業の市場構造に誘導されるが，逆に企業の行動は市場構造に何らかの影響を及ぼし，それらがまた何らかの市場成果をもたらすことになると考えられる。市場行動は，製品市場に対する企業の政策（主要なものは，価格設定政策，製品の品質改善や新製品開発に関する政策）とその市場における競争者の動きに対する企業の政策（その代表は，競争者を強圧しようとする政策）などからなる。ここでは，価格設定政策，製品差別化政策，新製品開発政策について説明することにする。

1. 価格設定政策

わが国のビール産業の市場構造の特徴は，80年代半ばまではキリンを頂点

とするガリバー型寡占市場で，しかも，新規企業にとって参入障壁はかなり高いものであった。そしてピルスナー・タイプのラガービール（熱処理ビール）が最も多く生産されていたこと，しかもキリンは75年まで「ラガービール一本槍」で，80年代半ば頃まではビールの本流はラガービールという姿勢を守っていたこと，などである。他方，ビールの価格は49年6月に配給統制から「酒類自由価格制」に移行するのではあるが，60年10月までは「公定価格制」，それ以降においても自由価格になるまでの過渡的措置として「酒税の保全及び酒類業組合等に関する法律」に基づき，業界の取引の目安としての「基準販売価格制」であった。そして，64年6月にいたってようやく自由価格になるのであるが，68年頃までは価格に対する行政指導が続けられていた。このような経過をたどりながら，ビールの価格は64年6月以降形式的には自由価格になるのであるが，実質的には90年10月まで非自由価格の状態であった。そして，キリンはラガービール市場で圧倒的に高いシェアを維持していたことを背景に，この分野で価格決定の実質的な「プライス・リーダーシップ」を握っていたと思われるのである。

産業組織論では[1]，理論的には，ある産業の企業行動の結果について次のように考える。市場構造を完全競争的市場，完全独占的市場及び寡占的市場などに分類して，それぞれの市場構造の下で企業はどのような行動をするか，その行動の結果はどのようなものになるか，そしてその結果は国民経済上好ましいものであるか否か，もし好ましいものでないとすると，どのような政策でもってそれを是正するか，という風に考える。

完全市場における企業の行動と結果は「限界原理」を前提にした場合には，明確に説明できるが，寡占市場における企業の行動は，必ずしも前者のようには行かない。ある産業が一つの企業（完全独占）または多数の企業（完全競争）から成り立っている場合には，それぞれの企業即ち売手は超個人的な市場の力に対して反応するに過ぎない。寡占市場——それぞれの企業がその競争者に対して自らの行動の影響を充分に認識できるほどに企業数が少ない

市場——では，それぞれの企業は直接的・個人的なやり方で相互に反応し合うことになるのである。つまり，売手たる企業は，その行動が市場全体に及ぼすであろう影響を考慮するだけでなく，その行動が相互に与え合うであろう影響をもまた考慮して，行動することになるのである。

寡占市場では，それぞれの企業は自らの「公示価格」あるいは「メーカー希望小売価格」などを設定する。そして寡占企業は市場条件の変化や競争相手によって導入される変化に応じて価格を調整することになる。わが国の場合，ある産業では長年にわたって「価格の事後調整や後決め」という商慣習——製紙，板ガラス，石油化学製品，鋼材などの素材業界は，出荷後に改めて価格を引下げる「事後調整」が目立っていた——があった。90年代半ば以降その改善が行われだしたのである。[2]

では，寡占企業はどのように価格水準を設定し，その価格をどのように調整するのであろうか。前者が価格設定の問題であり，後者が価格談合（「カルテル」）及び価格談合もどき（「プライス・リーダーシップ」）の問題である。ここでは，これらの問題をビール産業における事例でもって説明することにする。

(1) 価格設定方式

寡占企業は，ある種の大雑把な「目の子算」（「フル・コスト原則」）にしたがって価格水準を設定すると言われている。その際，寡占企業は一つの目標として，投資に対して一定の目標利益率を得ることにするかもしれないし，あるいは一定の費用に標準的なマーク・アップを上積みすることにするかもしれない。また価格を設定する際，寡占企業はどのような利益目標を追求するかという問題に加えて，競争者の反応をどのように評価するかという問題にも直面しているのである。この問題を理論的に説明するものは「屈折需要曲線」である。[3]

わが国のビール産業においては価格は，どのような方式にもとづいて，ど

のように決定されるのであろうか。それは、寡占価格論でおなじみの「フル・コスト原則」——一定額の平均費用あるいは限界費用に利潤のためにある慣例的な大きさ、たとえば10％をマーク・アップする方式——あるいは「標準原価方式」にもとづいて決定されるといってよいであろう。ここでは、90年3月に、大びん1本当たり「メーカー希望小売価格」[4]が300円から320円に改定された事例を取り上げることにしよう。

　この数値を使って、ビールの価格がどのように設定されるかを説明しよう。製造原価は63.65円で、これに製造業者マージンの100％を上乗せした値段——63.65円×(1＋1.00)＝127.30円——が希望卸価格である。この卸価格に卸売業者流通マージンの47.76％を上乗せした値段——127.30円×(1＋0.4776)＝188.10円——が希望小売価格である。更に、ビールには大びん一本当たり131.91円の酒税が課せられるので、188.10円に131.91円を加えた金額320円が、最終的な小売価格である。あるいは、酒税込みの生産者価格は、製造原価63.65円に生産者マージン63.65円を加え、更にこれに酒税103.05円を加えた金額、230.35円である。この金額に11.33％の卸マージンと、24.78％の小売りマージンをマーク・アップした金額——(230.35円×1.1133)×1.2478＝319.99円——が希望小売価格となるのである。

　このように決定された価格水準は、需給動向とはほとんど無関係に、比較的長い期間にわたって変化しないということ(価格の下方硬直性現象)がビール価格の特徴である。その上、価格の変更（そのほとんどが価格引上げ）は、サッポロとアサヒが交互に行う輪番制プライス・リーダーシップという慣行の下で行われてきたのである。このような慣行の下で、ビール価格は約30年間にわたって「下方硬直的」であった。ただし、極めて珍しい例外もあったので、それを次に説明した上で、プライス・リーダーシップに移ることにする。

(2) 価格引下げ政策

　64年以降90年代はじめ頃まで、ビールの価格は全般的に引下げられると

いうことはなかった。例外的なこととして，88年4月に価格引下げが行われた。ここでは，これを事例として取り上げて説明しよう。産業組織論では，既存企業によって，もし一時的な価格引下げが新規企業の参入を阻止するために行使されるならば，「排他的・制圧的行動」として取り扱うことになる。

キリンは4月20日，4月21日から500 ml缶ビールを280円から270円に10円引下げることにすると発表した。値下げの理由は消費者に「円高差益還元」ということであった。これ以外に値下げする裏の理由は，市場環境の急変に対処することであったと思われる。つまり，缶ビールは当時20%前後の成長を遂げている商品であるが，キリンの缶化率——ビール生産量に占める缶ビールの比率——は他社と比べて最も小さかったので，缶ビール価格を引下げることで市場の拡大を図りたいという思惑があったようである。

ビール生産量の前年増加率は，85年2.3%，86年3.9%，87年7.4%，88年7.7%であるのに対して，缶ビール出荷量のそれは，それぞれ，22.4%（オリオンを除く），17.9%，23.1%，27.5%である。後者の増加率は前者のそれよりかなり大きいので，当然のこととして，缶化率は，85年17%，86年20%，87年22%，88年26%と増大傾向を示していた。このように缶化率が増大する中にあって，キリンのそれは，85年13%，86年15%，87年17%で，ビール5社の中で最も小さかった。このような状況の下で，キリンは缶ビールで先行しているサントリー——72年6月にロングサイズ缶500 mlを最初に投入——に狙いを定めて4月20日，21日から「500 ml缶ビール」の価格を10円引下げると発表した。他の3社は翌日即日にキリンの価格引下げに追随したのである。この結果は次のごときものになった。容器別ビール出荷量の割合及び前年増加率——（　）内の数値——は，87年においては，びん69.7%，缶22.3%，樽8.0%，88年においては，それぞれ，66.7%（3.1%），26.4%（27.5%），6.9%（−7.7%），89年においては，それぞれ，64.0%（1.0%），29.0%（15.7%），7.0%（7.3%），90年においては，それぞれ，60.2%（1.9%），32.2%（20.0%），7.6%（16.7%）である。

表 3-1　ビールの缶化率及び前年増加率

(単位；％)

	缶化率						前年増加率				
	85	86	87	88	89	90	86/85	87/86	88/87	89/88	90/89
キリン	13	15	17	20	23	27	17.6	19.4	14.3	14.4	31.1
サッポロ	18	21	23	27	28	31	26.1	16.8	21.0	2.5	16.0
アサヒ	22	24	29	34	37	40	19.4	60.4	100.8	37.7	15.6
サントリー	38	40	41	41	42	42	9.4	14.3	− 0.7	− 1.1	1.5
オリオン	40	44	47	51	54	57	14.5	19.1	13.2	14.8	17.4
缶化率	14	20	22	26	29	32					
生ビール							17.9	23.1	27.5	16.0	20.0
全ビール							3.9	7.4	7.7	5.3	8.2

資料；日刊経済通信社『酒類食品統計月報』から作成。

　500 ml 缶ビールの割合は，87 年 7.0％，88 年 9.3％，89 年 10.5％，90 年 11.5％に拡大した。その前年増加率は，88 年 41.3％，89 年 19.1％，90 年 18.7％であって，容器別の増加率では 500 ml 缶ビールが総じて最も大きかった。価格引下げ効果があったといってよいであろう。価格引下げを仕掛けたキリンに対する効果は明確ではないが，キリンの缶化率が 87 年の 17％から 89 年の 23％に増大したこと，他方サントリーの前年増加率が 88 年及び 89 年にはマイナスを示していることから，そらなりの効果があったといってよいであろう。その他の会社の缶化率及び前年増加率の状況は，表 3-1 に示すとおりである。

(3) 価格差別政策

　同じ商品を異なる消費者に異なる価格で販売することを「価格差別政策」という。価格差別政策が実施されるためには，当該商品の消費者が何らかの方法で二つ以上のグループに分けられること——たとえば，日本人と海外からの観光客に区分すること——及び消費者の間で転売することが難しいこと，という二つの条件が最低限必要である。この条件が満たされるならば，価格差別政策を実施することで，企業は利潤を増加させることができるであろう。

この点についての説明は，理論の範疇に属するので，ここでは省略する。

　ビールの場合は，厳密な意味において，価格差別政策が採用された事例を掲げることは無理かもしれない。これに類似した事例として，70年代半ばから80年代半ばに展開された「ラガービール対高級ビール」の価格差別を掲げることができる。ただし，これはどちらかといえば，製品差別化に伴う価格差別と考えた方が適切であるだろう。

　77年4月現在で，ラガービールの大びん（633 ml）は195円（1 ml当たり0.308円）であった。また，71年12月発売された「ヱビスビール」（大びん）——1889～1941年にかけて販売されていた「ヱビス」ブランドの復活で，戦後初めて造られた麦芽100％のビール——は237円（1 ml当たり0.374円）であった。サッポロの「ヱビスビール」に対抗すべく，いわゆる「高級ビール」——キリンの「マインブロイ」（76年10月発売），サントリーの「メルシェン」（77年3月発売）——が180円（小びんで350 ml。1 ml当たり0.5143円。大びん換算で326円）で販売された。

　この時の価格差は，ラガービール対高級ビールの間では42～131円，高級ビール間では89円であった。それゆえ，価格面にだけ限定していうと，高価格＝高級ビールを嗜好する消費者とそうでない消費者を区分した価格差別政策が展開された，といえそうである。

　86年における500 ml缶ビールの場合には，サッポロの「ヱビスビール」と「ワイシェンビール」は295円である。これに対して，86，87年に販売された類似のビールは，キリンの「ハートランドビール」，アサヒの「100％モルト」，サントリーの「生ビール MALT'S」で，全て280円である。また，500 ml缶ラガービールも280円（中びんビールは265円）である。ラガービール対高級ビールの間の価格差は0～15円（大びん換算で19円）である。両者の間の価格差は，80年代半ばにはほとんど無いに等しい状態になっているといってよいであろう。つまり，ラガービール（80年代半ばになると生ビールが主流になる徴候が明白になっている。生化率は，85年41％，87年49％

である）と高級ビールの間には，価格差別政策を実施することで消費者を区分する余地はほとんど無くなってきているのである。このことは，消費者が色々な酒類のビールを飲む経験を積むことで価格差別の意義をそれほど認めなくなってきたということであろう。

(4) 価格先導性

ある産業が「独占的状態」（独占禁止法，第2条7で規定）にある場合には，売手企業間で価格が調整される，売手間の正式な協定——価格協定，販売慣行や品質及び市場分割協定——あるいは売手の間にいかなる正式の組織も無い時に存在する（または存在しうる）売手間で価格が調整される型の一つが「価格先導性」（プライス・リーダーシップ）である。価格先導性の下では，産業の価格変更は，通常最初に最大手である先導者——産業によっては必ずしも最大手でない場合もある——によって発表され，次いで追随者である他の売手が，全く同時か，ほとんど後れを取ることなく（ほぼ3ヵ月以内に），同じ価格変更を行うのである。この価格先導性は，非差別的商品を販売する寡占産業，たとえば鉄鋼業，ガラス産業において最も典型的に実施されるが，差別的商品を販売する寡占産業，たとえば家電産業，自動車産業においても実施されうる。

やや公式的な説明をすると，ある産業が独占的状態にあって，その産業に属する企業が「価格の同調的引上げ」を行った場合，次のような基準にもとづいて公正取引委員会は問題にすることになっているのである。

年間国内総供給価額が600億円超（83年当時は300億円超）で，かつ，上位3社の市場占拠率の合計が70％超という市場構造要件を満たす同種の商品又は役務につき，首位事業者を含む2以上の主要事業者（市場占拠率が5％以上あって，上位5位以内であるものをいう）が，取引の基準として用いる価格について，3ヵ月内に，同一又は近似の額又は率の引上げをしたときは，当委員会は，当該主要事業者に対し，当該価格の引上げ理由について報告を

求めることができるのである。つまり、売手集中度の高い商品について同調的な値上げが行われた時は、公取委は、その値上げについて報告を求めることができるということである。ここでは、ビール製造業者が83年10月と90年3月に行った同調的な価格引上げ＝価格先導性──バロメトリック・プライス・リーダーシップの典型であり、しかも輪番制プライス・リーダーシップ──の状況について説明することにする。

a. 価格の同調的引上げ（その１）

82年における市場構造用件は次のようであった。ビールの国内総供給価額は、6,442億円で、キリン、サッポロ及びアサヒ（北海道朝日麦酒を含む）の上位3社のシェアは91.2％で、首位事業者はキリンである。シェアが5％以上の事業者は、上記3社とサントリーの4社である。

既に説明したように、ビールにはラガービール、生ビール、黒ビール、スタウトなどの種類があり、このうち、わが国で最も多く生産されているものは（80年代半ば以前において）、ピルスナー・タイプのラガービールである。これは、77年には全体の約88％を占めていたが、83年には約67％、85年には約58％に低下した。とりわけ、キリンは75年まで「ラガービール一本槍」であったこと、加えて同社が高いシェアを確保していることなどから、同社はラガービールの価格決定において実質的に価格支配力を握っていると思われる。キリンをリーダーとするガリバー型寡占という市場構造を背景に、ビール産業においては数年おきに協調的な価格変更が繰返し行われていたのである。その状況は、図3-1に示すとおりである。

ところで、ビールの価格体系は、生産者価格と小売価格の二段階制（明治時代からの伝統的な販売方法）になっていて、生産者と卸売業者の間に特約契約が結ばれていて、特約店は生産者に代わって生産価格で販売し、生産者から手数料（内口銭）を受け取る。さらに、生産者は生産者価格（払込価格）のほかに小売価格についてもメーカー希望小売価格（あるいは標準価格）を定めている（定めていた）。

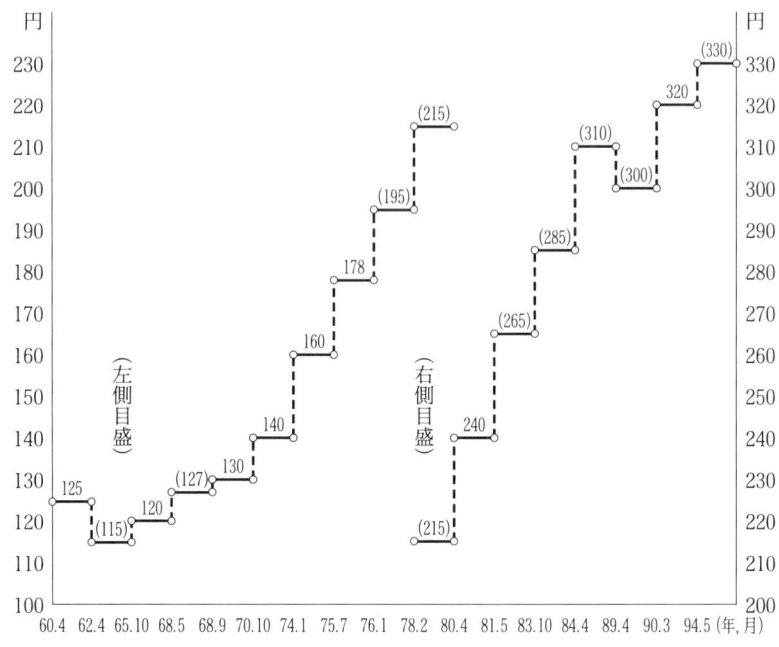

図3-1 ビール価格の推移（大びん，小売価格）

注；（ ）は酒税の引上げ，あるいは引下げによる価格変更。

　この協調的な価格調整行動とは，次のような事実から言えることである。65年10月における「大びん」115円から120円への値上げ——その理由は原材料価格，労務費，輸送費などのコストアップである——に際して，サッポロとアサヒが同日に値上げを発表して先導役を果たした。それ以降，68年9月にはサッポロ，70年10月にはアサヒ，73年10月にはサッポロ，75年3月にはアサヒ，80年3月にはアサヒ，83年10月にはサッポロが先導役を果たし，キリンに値上げするように秋波を送ってきた。つまり，サッポロとアサヒは，キリンが必ず追随してくるであろうことを前提に，ほぼ交替でプライス・リーダーの役割を果たし，実質的に市場支配力を保有しているキリンに値上げの「誘い」を仕掛けているのである。「誘い」をかけられたキリンは，

紳士として淑女の「誘い」に応えざるを得ないのである。

　83年10月の価格改定は，3年ぶりに行われ，それは次のような同調的な調子で行われた。まずサッポロが，9月27日に，10月1日から「大びん」1本当たり20円値上げして現行価格265円を285円にすると発表した。サッポロに続いて，アサヒが10月4日，キリンが10月7日，サントリーが10月17日の順で全く同様な値上げを発表した。こうして，ビールの価格は10月1日を期して改定されることになったのである。サッポロの値上げの理由は，[8] ①卸，小売業者からのマージン改善要求が強いこと，②80年の値上げ（酒税増税による81年の値上げを除く）時点から原材料費，人件費などが上昇していること，としている。特に，流通段階からの要請に応え，今回の価格改定ではメーカー販売価格は，大びんの場合，4.2％の値上げに止め，小売価格を7.5％値上げすることを強調している。[9]

　このような協調的な価格改定行動をプライス・リーダーシップによる同調的値上げ行為とみなすか，カルテル行為とみなすかは難しい問題である。私はこの協調的行為は実質的にはカルテル行為ではないかと推論したい。それは次の理由による。上で記したように，サッポロとアサヒは形式的にはプライス・リーダーシップを発揮しているが，それは明白に輪番制であること，値上げ幅とその時期を明確に予測している5月23日の『日本経済新聞』の記事，これに加えて，9月17日の『日本経済新聞』は，「関係筋によると，値上幅は大びん20円のほか，中びん20円，小びん15円，缶ビールのレギュラーサイズ（350 ml）15円と，少量サイズほど値上率は大きくなる。また，値上げの実効性を確保するために，先陣を切るサッポロビールと最後のサントリーの間隔は2週間程度の短い期間になる」[10] と報じている。これらの記事で予測していることは，上で記述した値上げ内容とほとんど変わらないことである。筋書きは早くから出来上がっていて，それを関係筋が新聞社に流し，値上げすることがやむを得ないという雰囲気を作り出して，価格改定がやり易いようにしているとしか思えないのである。したがって，ビール産業にお

いて「暗黙の了解」によってプライス・リーダーシップが成立しているとは思えないのである。たとえ暗黙の了解によるとしても，プライス・リーダーシップによる価格改定は実質的にカルテルと同じ効果をもたらしているのであるから，これをカルテルと同等に取り扱うべきである。つまり，価格の同調的引上げ行為に対して課徴金を課するべきであるということである。何らかの罰則規定を設けない限り，このような行為はなくならないであろう。

b. 価格の同調的引上げ（その2）

ここでは，前回の83年10月に次ぐものとして実施された90年3月の同調的価格引上げの状況についてごく簡単に説明することにする。[11]

88年におけるビールの国内総供給価額（生産者販売額）は，9,328億円（酒税を除く）で，キリン，アサヒ及びサッポロ3社の同年12月期における売上高及酒税・物品税を除く売上高は，それぞれ，2兆2,134億円，1兆93億円であり，また90年12月期のそれは，それぞれ，2兆5,792億円，1兆3,404億円であった。他方，88年における生産シェアはキリン50.2％，アサヒ20.6％，サッポロ19.7％，90年におけるそれは，それぞれ，49.3％，24.4％，17.9％であった。このような独占的状態——この条件には参入障壁要因がある。参入を誘引するような政策は90年代はじめまで何もされなかった——のもとで，価格引上げは次のように行われたのである。

サッポロが2月27日に「大びん」1本当たり20円の引上げを3月1日より実施すると発表すると，同額の値上げをキリンが3月2日に5日より実施すると発表した。これまでの追随の仕方と大きく違う点は，キリンが二番手に価格を引上げると発表したことである。

この価格引上げの主な理由は，およそ次のようなものである。①90年における生産者段階での総原価（酒税を除く）は，前回値上げした時の83年と比較して，ビール1ℓ当たりキリン20.7％，アサヒ8.8％，サッポロ22.2％，サントリー11.0％程度の上昇が見込まれ，90年以降においても輸入原料費の上昇が予想されること（東京インターバンク市場における1ドル当たり円相場；

中心相場の年中平均は，90年144.88円，92年126.62円，94年102.18円，96年108.81円…著者），②既存設備の更新・改善投資の資金を確保する必要があること（当時は証券市場で充分必要資金を調達することができる状況であった…著者），③流通段階では人件費や物流費などが上昇していることに加えて，流通業者からマージンアップの要請（卸10%，小売り20%のマージン率が欲しいという要望）があること，などである。

　流通業者が一団となってメーカー各社にマージンアップを要請して価格引上げを実現させる。その一方で，各社によって総原価の上昇率が異なり，また将来の投資計画も違うはずである――いつどの程度の投資をするかということは経営上もっとも重要な戦略である――にもかかわらず，同じ時期に同額の価格引上げを実施することは理解できぬ現象である。とはいえ，業界における企業間の競争，たとえば東芝とIBMの競争が，極めて激しい場合でも，経営トップ同士の間では密かに特定分野で手を握り合っているということはありうることである。だから，上記の行動は実質的にはカルテル行為あるいは限りなくカルテル行為に近いものとみなしてよいのではなかろうか。

1)　R.ケイヴズ著，小西唯雄訳『産業組織論』東洋経済新報社，1968年。荒憲治郎，他編集『経済学3 産業組織論』有斐閣，1971年，参照。
2)　『日本経済新聞』1995年1月14日，1995年9月22日，2000年5月13日。
3)　寡占企業の価格設定等については，拙論「標準原価原理の検討」『専修経済学論集』第11巻第1号，1976年を参照されたい。
4)　メーカー希望小売価格などに関する公正取引委員会の調査は，同事務局編『流通取引の公正化と日米構造問題協議』1993年，9～71頁を参照されたい。
5)　公正取引委員会『独占禁止白書』1999年版，200頁。
6)　公正取引委員会『独占禁止白書』1984年版，79～80頁。
7)　公正取引委員会『管理価格(2)』1972年，16～17頁。
8)　公正取引委員会『独占禁止白書』1984年版，79～81頁。この白書には，キリンの引上げ理由として次のものを掲げている。①容器包装費，販売促進費，減価償却費，人件費，研究開発費，広告宣伝費等の増大により83年度の総原価（酒税を除く）が80年度と比較してビール1kl当たり13.0%（サッポロ17.4%，アサヒ15.0%，サントリー9.0%）上昇すると見込まれること。②84年度以降も運搬費，原料費等の上昇が

予想され，収益を改善する必要があったこと。③流通段階における販売諸経費の増大にかんがみ流通マージンの増大を図る必要があったこと。
9) 『朝日新聞』1983年9月28日。値上げ幅20円の按分は，メーカー7円，特約店4円，販売店9円である。

　酒類値上げの予想記事は2月に掲載されている。それによると，値上げ機運が強まってきた背景には二つの理由があるとしている。その一つは，酒類問屋，小売店の双方から流通マージン率引上げの強い要請が出ていること。酒の需要が伸び悩むとともに——酒類全体の出荷量の伸びは4年連続で2%前後である——品種の多様化や配送の小口化で経費が増大し，経営が圧迫されていることを流通業界は強調している。もう一つは，83年度は見送られた酒税が，政府の財源難や間接税強化の方向から84年度は必至と見られていること。『日本経済新聞』1983年2月16日（夕刊）。また，日経は，同年5月23日の記事で，需要期が過ぎた8月末から9月にかけて大びん1本の値段を現行の265円から20円引上げて285円にすることが最も有力な案としている。そして，その理由に，昨年，今年と続く空前の新製品ラッシュ，容器の多様化で配送コストがかさんでおり，卸・小売業界では6月からの早期実施を求める声が出ている。一方，ビールメーカーとしては今すぐ値上げせざるを得ないほど経営的に追い込まれているわけではない。結局，こうした流通業界とメーカーとの思惑の妥協の産物として，「中元商戦が終わり，お盆も過ぎた8月末から9月上旬にかけて，20円程度値上げする」という筋書きが関係者の最大公約数的な見方となっている。

　なお，日経は，9月28日の社説「ビール値上げの問題点」で，「ビール値上げの理由は原材料費，人件費，流通経費の増大である。生産段階では，まだ赤字は出ていないが，流通段階のマージン増大の要請に応じられないことを業界は強調する」としている。そして「この間（80年5月から3年半…著者）の経費増大も考慮すると値上げの理由が分からないわけではない」といって理解も示している。しかし，5月23日の記事と9月28日及び本文の記事を比較してみると，日経がこのような値上げに理解を示しているのはおかしい。なぜならば，5月23日の記事では，メーカーは「今すぐ値上げせざるを得ないほど経営的に追い込まれているわけではない」といっていることからして，原材料費と人件費の増大は取って付けた理由ではないかと思われる。日経は上記社説で，問題点として消費者割引があってもよいのではないか，小売り間の競争が必要だと，指摘している。この点には同意できる。この時点では，著者も（日経も）ビールは自由価格制のもとにあって，小売業者が自由に価格を設定すべきであるという認識に欠けていた。卸・小売業者がマージン増大を願ってメーカーに圧力をかけるのではなく，もっと経営努力をしてみずから利潤の増大に努めるべきである。もちろん，消費者はサービスの悪い小売店からはビールを買わないことである。
10)　『日本経済新聞』1983年9月23日。
11)　公正取引委員会『独占禁止白書』1990年版，89〜93頁。

2. 製品差別化政策

(1) 酒類の需要構造

　55～76年におけるビールの消費量及び消費額から見た需要成長率は，超高成長及び高成長といわれるほどに高かった。このような需要成長期における企業の行動を比較的うまく説明してくれる理論に「売上高極大化仮説」がある。77～80年頃から製品差別化が本格的に実施されるようになる。この製品差別化政策が，典型的に実施される需要環境は当該製品に対する需要が「飽和状態」（価格を引下げても，需要増加が見込めない状態）に達した段階においてである。ビール産業において，製品差別化政策がかなり明確な形で実施されるようになったのは70年代後半以降である。このようなことから，ここではまず酒類の需要構造の説明から始める。

　75～97年において，酒類——主要な4種類（清酒，焼酎，ビール，ウィスキー類。これらは，経済用語で表現すると，代替財）の需要構造がどのように変化したかについて，表3-2を用いて説明することにしよう。

　まず，販売量の面から需要構造の変化について説明しよう。清酒の構成比は22年間にわたって一貫して逓減的な傾向を示している。これに対して，焼酎は85年頃まで，ビールは90年頃まで逓増的な傾向を示している。そして，前者は85年以降ほぼ変わらない状態であり，後者はやや低下する傾向を示している。ウィスキー類は88年頃までほぼ一定であるが，89年の酒税法改正に伴って，それまでの半分くらいの大きさになっている。

　次に，販売額の面から説明しよう。清酒の構成比は，販売量で見た場合と同じように一貫して逓減的な傾向を示しているが，75～85年の間に38％から23％へと大きく低下している。焼酎のそれは，75～85年の間に3％から6％へと2倍も増大しているが，これはおよそ10年間続いた「焼酎ブーム」によるところが大きいと思われる。それ以降やや停滞した時期もあるが，最

表 3-2 酒類の需要

年度	1975		1980		1985		1988		1990		1995		1997	
酒類	数量/金額	割合	数量/金額	割合	数量/金額	割合	数量/金額	割合	数量/金額	割合	数量/金額	割合	数量/金額	割合
A. 消費(販売)数量 (単位:1,000 kl)														
清酒	1,652	28	1,506	23	1,335	18	1,409	17	1,373	15	1,262	13	1,128	12
焼酎	190	3	238	4	593	8	571	7	526	6	648	7	725	8
ビール	3,740	63	4,386	66	4,725	65	5,637	68	6,463	72	6,744	70	6,262	67
ウィスキー類	238	4	360	5	293	4	313	4	255	3	191	2	160	2
雑酒	2	0	2	0	9	0.1	7	0.1	8	0.1	209	2	421	5
(発泡酒)	0.1	0	0.2	0	4	0	0.6	0	0.5	0	194	2	404	4
合計	5,982	100	6,666	100	7,244	100	8,251	100	9,035	100	9,603	100	9,340	100
B. 消費(販売)金額 (単位:10億円)														
清酒	1,094	38	1,227	28	1,222	23	1,262	21	1,255	19	1,234	19	1,149	18
焼酎	72	3	118	3	340	6	328	5	348	5	483	7	482	7
ビール	1,057	37	1,771	41	2,522	47	2,977	49	3,573	54	3,613	54	3,250	50
ウィスキー類	566	20	1,060	25	1,018	19	1,130	19	998	15	674	10	646	10
雑酒	26	1	39	1	190	4	180	3	251	4	441	7	606	9
(発泡酒)											86	1	213	3
合計	2,874	100	4,308	100	5,408	100	6,050	100	6,633	100	6,658	100	6,448	100
C. B / A (単位:万円/kl)														
清酒	66.2		81.5		91.5		89.6		91.4		97.8		101.9	
焼酎	37.9		49.6		57.3		57.4		66.2		74.5		66.5	
ビール	28.3		40.4		53.4		52.8		55.3		53.6		51.9	
ウィスキー類	237.8		294.7		347.4		361.0		391.4		352.9		403.8	
雑酒	1,300.0		1,950.0		2,111.1		2,571.4		3,137.5		211.0		143.9	
(発泡酒)											44.3		52.7	
合計	48		64.6		74.7		73.3		73.4		69.3		69.0	

資料:日刊経済通信社『酒類食品統計年報』昭和 59 年版~平成 10 年版から作成。

近は再び人気を取り戻しているようである。これに対して，ウィスキー類のそれは，日本の高度経済成長期から第二次石油ショック期にかけて20％から25％へと拡大している。この拡大は，所得の増加や生活の洋風化などに伴って，酒好きな人々が値段の高いウィスキー類いわゆる舶来品に対する憧れを満たしたいという願望の現われと考えられる。90年代になると，長引く不況や高級ウィスキー類それ自体が物珍しくなくなってきたということなどから，縮小傾向を示している。ビールの構成比は，90年代の前半期までは37％から54％へと拡大してきたが，後半期には多少縮小している。これは，発泡酒に対する需要が拡大していることによるものと考えられる。

　このような酒類の需要構造の変化は，一面で「酒類間の価格バランス」[1]によるところが大きい。たとえば，1kl当たりの販売額——販売額÷販売量——で，主要な酒類間の格差を見ると，ビールを基準（1.0）に比較すると，75年においては焼酎1.3，清酒2.3，ウィスキー類8.4であり，88年においては焼酎1.1，清酒1.7，ウィスキー類6.8である。酒類間の格差は小さくなっているのである。このように格差の縮小が生じる過程で，上で説明したような需要構造の変化が生じているのである。

　ところで，89年の酒税法改正の主旨が従来のものとは異なっていたので——比較的高い酒類の価格が下がり（ビールの場合89年4月に大びん1本当たり10円の値下げ），反対に安い酒類の価格が上がった——，酒類間の格差も従来の傾向とは違ったものとなって，酒類の需要構造にかつてないほどの変化が起こったのである。88年と97年における酒類間の格差は，ビールを基準（1.0）にして比較すると，清酒（1.7から2.0）と焼酎（1.1から1.3）はともに約18％，ウィスキー類（6.8から7.8）は約15％程度広がっている。このような酒類間の格差は，販売額で見た場合の需要構造を次のように変えている。清酒とウィスキー類の構成比は下げ止まって変わらない状況であるのに対し，焼酎のそれは下げ止まった後に多少拡大する徴候を示している。

　酒類の需要構造が変化するのは，「酒類間の価格バランスもさることなが

ら，ビールよりも高い水が売れる時代であり，従来タイプの酒類に飲み飽きて，新しいタイプの酒類，今まであまり飲んだことの無い酒類を飲んでみたいとする，消費者の嗜好の変化によるところが大きいであろう」。中長期的には，需要構造の変化は，国民所得の増減，消費者の嗜好の変化，食生活の変化，健康に対する関心度，価値観の多様化，流行などが相互に作用し合って決まるものである。高度経済成長期には，総じてただアルコール飲料を飲むこと自体（いわゆる酒が十分飲めさえすればよいこと）が，飲兵衛の重大な関心事であったが，70年代半ばを過ぎると，飲兵衛は酒の酒類やタイプ，品質や造り方，飲み方などを問題にするようになってきた。他方，消費者の嗜好の変化――若年層はナウいドリンクを好み，熟年層は酔い覚めの爽やかな健康ドリンクを求め，また消費者が全般的に本物を志向する傾向となってきていること等――と各酒類の需要動向と関連して，特に清酒とビール業界は85年頃からいくつかの新製品，たとえば，77年頃から80年頃に発売され始めた生酒，86年秋頃から従来はやや重いタイプであったが，軽くて飲み口よく仕上げられたタイプの純米酒，紙パック詰めの安い酒，麦芽100％ビールやライトビールが開発され，それらが相互に作用して酒類業界に大きなインパクトを及ぼすことになった。

(2) 製品差別化競争の前奏曲

ビールは嗜好品であるため，消費者のブランド選好が強く，一度確立された特定ブランドに対する選好は容易に変わることはないといわれてきた。また，一度消費者の選好を獲得し，優位に立ったメーカーの地位は加速度的に強化され，かつその地位を極めて強固にする。このゆえに，新規参入者はそのブランドの知名度を高めるためには相当長い時間と莫大な資金の支出を必要とするのである。55年から85年におけるビール産業の成長，つまり55〜64年の超高成長，65〜73年の高成長，73〜85年の中低成長という発展にもかかわらず，ビール産業に成功裏に進出することは非常に難しかった。こ

のことは，およそ80年初め頃までの，各社のシェア推移——キリン36.8%から60.8%，サッポロ31.4%から19.5%，アサヒ31.8%から9.8%，サントリー70年4.4%から85年9.1%——で裏付けられる。換言すれば，強い「キリンビール」というブランドに，「サッポロビール」，「アサヒビール」，「サントリービール」というブランドは効果的な対抗力を発揮し得なかったのである。キリン以外の3社が，キリンの独走に手をこまねいていたかというと，決してそうではなかった。これら3社は，表2-2 製品開発（その1）で明らかなように，生ビールや缶ビール等の新製品を発売して，ラガービール一本槍のキリンの「キリンビール」に対抗してきたし，また，「サッポロビール」，「ヱビスビール」，「アサヒビール」，「サントリービール」に対するブランド・ロイヤリティを獲得する努力（ブランド・プロモーション）もしてきたのである。しかしながら，その成果は80年頃まではほとんど現れなかった。

　ところが，73年の石油ショック以降には，徐々にではあるがビール産業の需給構造に変化が生じ始めたのである。これは，二度の石油ショックを境に日本の経済成長が大幅に低下した——第一次ショック前の10%成長は，ショック後には5%，第二次ショック後には3%台へとダウンした——ことと関わっている。ビール販売量は64～73年の間に1.9倍，73～85年の間に1.3倍伸びていて，その年平均伸び率は第一次ショック前においては9.9%であったが，ショック後は4.2%，第二次ショック後（79～85年）は0.9%へとダウンしたのである。このように，ビール需要の成長が低下したことが，ビールメーカーの事業経営に変貌をもたらす契機になったのである。それは，製品差別化の一層の展開と「経営の多角化」である[4]。

　石油ショック後には，上で見たような，量的な面における変化に加えて，質的な面においても，様々な変化が起こっている。第一次ショック前においては，企業は標準化されたモノを大量に製造・販売し，家計はモノを大量に購入・消費し，それによって，企業も家計も量的拡大を図ることで満足してきた。そして，国民の生活及び価値観は「同質化」，「標準化」の傾向を示す

ようになってきた。これに対して，ショック後の経済目標ないし人々の欲望は，生活の質的向上・充実，生きがい，個性化——住宅の質的充実，流行の衣服より個性的な衣服，定食型のメニューより自分好みにあったアラカルト（一品料理），趣味やスポーツ，より高い教養，海外旅行——などを一層意識的に追求するようになってきた。これに伴って，人々のモノ離れ現象が進み，経済のサービス化・ソフト化・ファション化の傾向が進んできた。あるいは，人々は同質的なモノを大量に所有して生活水準を「同質化」することから，差別化されたモノを少量消費して生活を楽しむと同時に生活内容を「多様化」し始めてきた。企業は，国民が質的向上を求めて行動することと，これに伴って人々が欲求の多様化・差別化の行動をすることに機動的に柔軟に対応しなければならなくなってきている。

　たとえば，食生活について見るならば，[5] 50年代後半以降の高度経済成長の過程で，所得水準は上昇し，またその平準化が進んだので，われわれの食生活は量的な充実に加えて質的な豊かさを求める方向に向かった。その方向の第一は嗜好の高級化，第二は食生活の多様化，第三は簡便化，第四はレジャー化である。そして，80年代前半における食生活の目標は，栄養充足的なモノから高級化し多様化する嗜好を満たすモノへと向かっている。これを反映してか，70年半ばからの低成長時代になって，消費者の間で安易なブランド信仰がいったん崩れたこと，新たな成長商品が投入されたこと，価格競争を回避するため製品差別化が進められたこと，これらが再び有力な食品企業にブランド・プロモーション，販売促進を図らせることになり，広告支出を伸ばす方向へと繋がっている。

　80年代前半におけるビールに対する消費者ニーズの変化は，生活水準の向上，所得の増大，生活の洋風化などを背景に，たとえば次のような現象で確認できる。家庭への宅配が減り，店頭に足を運んで品選びをして持ちかえる人が増えていること，この現象は，消費者が特定のブランドを志向することを弱めている証になるであろう。あるいは，1ダースないしは1ケース単位

で宅配してもらうより，飲みたい時，その都度，購入するという習慣が生まれてきたこと，この現象は，深夜でも買えるコンビニエンス・ストアや自動販売機の普及によって拍車がかけられた。消費者ニーズの変化・多様化はビール産業の供給構造を，たとえば徐々にではあるが，次のように変えてきたのである。消費者の「生ビール」嗜好が強まってきたので，生化率は77年の約12%から，80年の20%，82年の28%へと急速に伸びた。また，手軽さ，簡便さ，後処理の簡単さ等から缶ビール・樽ビールへの需要が増加して，缶ビールの比率は77年の5.8%から82年の11%へと伸びた。さらに，清涼飲料水等と同じように飲めるアルコール度数やカロリーが低く，容量の少ない「手軽に飲めるビール」あるいはアルコール度数の高い濃厚・濃色ビールや黒ビールなどの「落ち着いた雰囲気で飲むビール」が発売され始めた。もともと，「アルコール飲料というものは，気分や雰囲気など時と場所に応じて，味わいへの反応が一定しにくく，個人差も大きく分かれやすい」[6]モノであるのだから，ビールが「イメージ商品の性格」や「ファション性」を強めることは何ら不思議な現象ではないであろう。

次に，各社が80年代はじめにどのような新製品を開発して，どのような形で製品差別化と市場細分化を展開してきたか，そしてどのような「価格階層別製品体系」＝「フル・ライン」（これは，理論的には水平的差別化及び垂直的差別化と関わるものである）を作り上げてきたか，について説明しよう。

昭和50年代に入って，ビール産業はそれ以前と異なる需給構造を呈し始めた。その象徴的現象の一つは，ラガービール一本槍であったキリンが，多様化する消費者ニーズ——ビール嗜好の個性化，多様化，高級化——にそう形で76年10月に，「普通のキリンビールに比べて貯蔵期間を贅沢に取り十分成熟させているために，色はやや濃く，味はより芳醇でこくが」あるビール「マインブロイ」[7]——オリジナルエキスが約14.5%でラガービールより約32%と濃く，アルコール度数が6.5%でラガービールより約44%と高く，また容量は350 mlで，ラガービールの633 mlの半分くらいで，びんの形は細いスマー

トなスタイルで,その色はスモーキーグリーン,ラベルは国産初のキャプシール方式で,金色である——を,80年4月に「ライトビール」[8]——ラガービールに比べアルコール度数で約20%,オリジナルエキスで約27%,カロリーで約30%も低い——を発売したことである。キリンの「マインブロイ」に対抗して,サントリーは77年3月に「メルツェン」——容量・形・ラベル(色は金と赤の組み合わせ)は同類——を販売した。さらに,アサヒはこれら二製品に対抗するものとして83年4月に「レーベンブロイ」[9]を発売した。しかしながら,表3-3製品開発(その2)を注意して見ると明らかなように,キリン,サントリー,アサヒの各社が「マインブロイ」,「メルツェン」,「レーベンブロイ」を発売したのは,上述したような消費者の嗜好が変わってきたことに対応するためであると同時に,この種のタイプで先行するサッポロの「ヱビスビール」[10]——副原料を使わず麦芽だけと,ドイツ・ハラタウ産のホップを原料とする高品質のビール。コク,苦味,香りとも豊かで,いわばリッチな味わいのビール。アルコール度数は約5%で,ラガービールより約11%高い——に追随するためであって,決してキリンが革新者となったわけではない。さらに,この種の濃厚ビール分野における競争上の特徴は,各社間に容量,容器,ラベル,価格の面で多少の違いがあることである。83年央現在で,キリンは350mlびん220円,サッポロは生ビール缶350ml195円,生ビール中びん500ml235円,大びん633ml275円,アサヒは350mlびん260円,缶350ml260円,缶500ml340円,サントリーは生びん350ml220円,生缶350ml235円である。価格面で見ると,キリンの350mlびんとサントリーの生びん350mlが220円と同一価格であり,サッポロの生ビール中びん500mlとサントリーの生缶350mlが235円と同一価格である。また,びんのスタイルの面では「ヱビスビール」以外は細いスマートなスタイルであり,ラベルの方式においても「ヱビスビール」以外はキャップシール方式を採用している。「ヱビスビール」は,消費者の個性化,多様化,高級化,本物志向を先取りすることでは先進的で革新的な製品の役割を果たしたといえるが,ファッ

ション性を取りいれるという点では，あるいは消費者の「感性」に訴えるという点では他の3製品よりやや劣っているように思える[11]。

　要するに，ビール各社が従来のタイプに新しいタイプの，いわゆる高級ビールを投入したことは，新しい需要者層を掘り起こすという点で，あるいはまた製品開発の面での企業間競争も活発にするという点で意義があった。換言すれば，ビール各社が競って多くの種類のビールを提供する努力をすれば，消費者は色々な種類のビールの中から，自分の嗜好に合ったビールを選択することができるようになるのであるから，これまで以上に食生活を豊かなものに，あるいは楽しいものにすることができるのである。このように，ビール各社が消費者のライフスタイルや生活の多様化等の変化に対応するように，いわゆる高級ビール，あるいは「ファションビール」を本格的に供給し始めたことが，80年代はじめにおける企業間競争形態の特色の一つであるだろう。

　需給構造のもう一つの変化は，先と同じように，キリンの動向で象徴的に捉えることができる。キリンは，81年4月に，小型樽生ビール「キリンのビヤ樽」（2 l, 3 l）を発売した。これはサッポロ，アサヒ，サントリーの生ビール路線から身を守るための防衛的発売といってよいもので，それは現在（80年代半ば）のところキリンの「ラガービール」主体の経営を大きく変更するまでにはいたっていない。しかし，ビール業界の観点から見ると，既に触れたように，缶・樽詰めビールや生ビールが一般消費者向けに発売されることによって，業界の供給構造は大きく変化しているのである。

　生ビールの本格的な発売は，67年に発売された「サントリー純生」に刺激されたアサヒ，サッポロが，それぞれ，68年に「アサヒ本生」（69年4月まで限定販売，それ以降全国販売），69年に「サッポロびん生」を販売した頃からであろう。この時の新製品は同価格・同容量であって，「生ビール」は「ラガービール」に対する差別化製品として販売された。また，「びん詰め」ビールに対する差別化製品として「缶詰め」・「樽詰め」ビールが販売される。

缶ビールの本格化は，各社が65年3月に「プルトップ缶」ビールを発売した頃からであろう。この頃は，缶ビールはもっぱら行楽用であって，家庭ではびん詰めが普通であった。ところが，72年にサントリーが発売した「ロングサイズ缶」(500 ml)は，「晩酌を楽しむのに手ごろな量」ということで，一般家庭の人気を集めた。これに刺激された他の3社が5，6年後の77，78年になって500 ml詰めの缶ビールを発売し始めた。こうして，缶ビールは行楽用に，家庭用に（びん詰めより割高であるにもかかわらず，後処理の便利さも手伝って），利用されだしたのである。

(3) 容器の差別化競争——容器戦争——

前項で説明したような動向を前奏曲として，78〜80年にかけて，生ビール，缶ビール，樽ビールの新製品投入競争＝製品差別化競争が本格化し始めた。これは，大・中・小のびん・缶・樽の容器にビールを詰めて販売する「容量の細分化政策」あるいは「容器の差別化政策」であって，78〜82年の前哨戦，83〜85年の本格戦として展開された。それはある価格帯に，色々な容器を品揃えするやり方で行われた。もちろん，これに色々なタイプのビールが組み合わされて，83年には4社で100種類の商品が投入されている。それは需要の停滞する状況の下で——78年の4社生産量を基準にしてその伸び率を見ると，85年までの7年間に7.1%，従って，単純平均成長率は1%，また78年の4社の消費量を基準にその伸び率を見ると，85年までに9.4%，従って単純平均成長率は1.3%強——伝統的なビール容器であるびんに対する差別化製品として色々な大きさと形の缶・ミニ樽容器を開発することで消費者の好奇心をそそるとか，あるいはミニ樽（面白容器[12]）詰めビールが新製品として発売されるのであるが，それは84年になると「容量の細分化，容器の多様化はほぼ出尽くしたため，話題づくりや店頭陳列効果を狙う」[13]とか，あるいはファッション性や視覚重視を訴えるとか[14]によって，各社が限られたパイを奪い合うための方策として展開された。

a. 78〜82年の前哨戦

　アサヒが77年5月に生ビール「生ミニ樽」(7 l)を販売すると，サントリーがこれに対抗する形で78年4月に「ナマ樽」(5 l, 10 l)，78年5月に「ジャンボ缶」(1 l)と「ミニ缶」(250 ml)を発売した。更に，アサヒが79年4月に「ミニ樽」(3 l, 10 l)，79年7月に「リッター缶」(1 l)を投入した。これら2社の新製品販売競争にサッポロが加わって79年5月に「10 l樽生」を発売した。80年になると，サッポロが「樽生3 l」を，サントリーが「ナマ樽」(2 l, 3 l)を販売することになる。このように，樽詰めではアサヒが，缶詰めではサントリーが先行する形で新製品を次々と投入すること（表3-3）で，キリンを除く3社の間で，容器・容量の面での製品差別化競争が展開されたのである。その結果，80年にはキリンを除く3社の（大・中・小びんを除く）製品系列は，およそ次のようになったのである。

　　サッポロ　‥‥　10 l,　－　　3 l,　－　　－　　500 ml,　350 ml
　　アサヒ　　‥‥‥　10 l,　5 l,　3 l,　－　　1 l,　500 ml,　350 ml
　　サントリー　‥　10 l,　5 l,　3 l,　2 l,　1 l,　500 ml,　350 ml,　250 ml

アサヒとサントリーの製品系列はほとんど同じ形の「密な製品系列」をなしているのに対して，サッポロのそれは「粗い製品系列」をなしている。その結果，これら3社のシェアは77年から80年にかけてどのように変化したであろうか。

　サッポロのシェアは19.6%から19.7%へ，アサヒのそれは12.0%から11.0%へ，サントリーのそれは6.5%から7.1%へと変わった。製品差別化で先行するアサヒのシェアは低下しているのに対して，アサヒとほとんど同じような製品系列を展開しているサントリーのシェアは逆に伸びている。サッポロのシェアは横這いの状態を示している。この時点では，製品差別化及びその効果は顕著に表れているとは言えないのである。

b. 83〜85年の本格戦

　上で説明したような状況を見定めた上で，キリンは81年から生ビールの樽

表3-3 製品開発(その2)　単位；( )内の数値はml。ただし、lは表示。

年	キリン	サッポロ	アサヒ	サントリー
1980	ライトビール	樽生3l, ぐい生(樽形, 小びん)		ナマ樽(2l, 3l)
1981	ビヤ樽(生, 2l, 3l)	樽生2l, 1.5l (PET容器)	マイボーイ ミニダル(2l) ミニ缶(250)	ごく生(300)
1982	缶ビール, デザイン変更	生ひとくち(200)	ナナハン缶(750) 黒生ミニ樽(2l) 黒生マイボーイ	ダブル缶(750) ナマ樽(1.2l)
1983	ビヤ樽(1.2l) 250 ml びん、缶生(500, 750, 1l)	ヱビス生(中びん) ヱビス缶(350) ぐい生ブラック(300) 黒生3l 缶黒子樽(250) 生タンク(1.2l)	樽びん(300, 450) ミニ樽(1.2l) ボトル(1.2l) レーベンブロイ(350, びんと缶)	ツイスト(300, 450) 超ミニ缶(150) タル缶(550) エクスポートサイズ(355), まる生(1.8l)
1984	缶生(135, 250, 350) 生A(350, 500びん) ハイネケン(350, びんと缶) 黒ビール缶(350) ビヤシャトル(1.2l, PET) ビヤ樽(2l, 3l, PET) 絵樽(1.5l, 紙, PET)	缶生(135) ジョッキ&生(600) カップ生(650缶)	スリム缶(135, 250) キャンボーイ(300缶) キャンボーイ・ライブ(550缶) ジョッキ(1l, PET) 生とっくり(2l, PET)	ペンギンズバー(超ミニ缶135, ミニ缶250, 350) メルツェンドラフト(135) バドワイザー(135, 250, 355〈びんと缶〉500缶) バドワイザーナマ樽2(2l, PET) こまる(300, PET) こまる生900(900, PET) スーパージャンボ缶(550, 1150)

資料；表2-2と同じ。

詰め・缶詰めを投入して，製品差別化＝製品系列化競争を激化させることになる（表3-3）。キリンは，まず家庭用，小宴会・コンパ用に適している「ビ

ヤ樽」（2 l，3 l）を投入して，先行する3社に真っ向から挑戦してきた。キリンがこれを投入したのは，81年にミニコンパ用の3 l樽詰め生ビールがヒットしたことに刺激されたことによるであろう。81年には，サッポロが「樽生」（2 l，1.5 l）を投入して，この2～3 l分野での市場争奪戦を激化させた。また，これを契機に新たな製品差別化＝市場細分化競争が展開され始め，それは2 lから200 mlの間に新製品を投入するという形でなされた。しかも，それは従来の「粗い製品系列」を一層「密な製品系列」にするという形でなされた。この先導役（「プロダクト・リーダー」といってよいであろう）は，サントリーによって担われたようで，それに他社が追随したように思われる。その結果として，各社の83年央現在における（2 l以下の容器を対象とした）製品系列は，およそ次のような形になった。

　　　サントリー‥1.8 l，1.2 l，700 ml，550 ml，450 ml，300 ml，　－　　150 ml
　　　アサヒ‥‥‥2 l，1.2 l，750 ml，　－　　450 ml，300 ml，250 ml
　　　サッポロ‥‥2 l，1.5 l，1.2 l，　－　　－　　300 ml，250 ml，200 ml
　　　キリン‥‥‥2 l，1.2 l，1 l，　750 ml，500 ml

これらの製品のうち，サントリーの「ナマ樽」（1.2 l）は82年にヒットしたし，また同社の「超ミニ缶」は83年に酒飲みの常識から外れた小容量が受けてヒットした。さらに，83年には，サントリーの「まる生」（1.8 l），サッポロの「生タンク」が奇異性・意外性にとんだ商品として，アサヒの「ボトル」（1.2 l）がファッション性を重視した商品としてヒットした。他方，製品系列についていえば，サントリーとアサヒは「密な製品系列」を築き上げる形で，サッポロは両者よりやや「粗い製品系列」を築き上げる形で，新製品を投入した。キリンは2 lから500 mlの領域に他社と同じような樽詰め・缶詰め生ビールの製品系列を築くことを目標に新製品を投入し，その結果，3社より少ない製品数で，狭い領域に比較的「密な製品系列」を築いた。これらのことを包括的に整理したものが表3-4である。

この表3-4の概要を説明すると，びん詰めビールの場合，ほぼ小びん（334

表 3-4 価格階層別製品系列 — 1983 年現在 —

(単位：ml、価格：円)

麒麟麦酒			サッポロ (27)			朝日麦酒 (28)			サントリー (23)		
品名	容量	価格	品名	容量	価格	品名	容量	価格	品名	容量	価格
			ひとくち	200	120				生ビール超ミニ缶	150	100
ライトビール	250	145	缶生（子樽）	250	145	缶ビールミニ缶	250	145	生ビールミニ缶	250	145
缶ビール	250	145									
広口びん	250	150									
ライトビール広口びん	250	150									
			ぐい生	300	175	生ビール樽小びん	300	175	ごく生	300	175
			ぐい生ブラック	300	200	黒生ビール樽小びん	300	200	生ビールツイスト	300	175
									生ビール小タル缶	300	175
小びん	334	160	ギネス缶入	330	300	生ビール小びん	334	160	生ビール小びん	334	160
黒生ビール小びん	334	175	小びん	334	160	生ビールスタイニー	334	160			
スタウト小びん	334	185	びん生小びん	334	175	ブラック小びん	334	175			
			ストライク	334	160	スタウト小びん	334	185			
			黒ビール小びん	334	175						
			ギネス小びん	334	300						
ライトビールびん	350	165	エビス缶ビール中びん	350	185	生ビールレギュラー缶	350	185	生ビールレギュラー缶	350	185
ライトビール中缶	350	185		350	195	黒生ビールレギュラー缶	350	220	メルツェンドラフトびん	350	220
黒ビール	350	185				レーベンブロイ小びん	350	260	メルツェンドラフト缶	350	235
マインブロイ	350	220				レーベンブロイ缶	350	260			
						生ビール中びん	450	235	生ビールエクスポートサイズ	355	185
中びん	500	225	中びん	500	225	生ビール中びん	500	225	生ビール中びん	450	235
缶ビール	500	240	びん生中びん	500	240	生ビールホーム缶	500	235	生ビール中びん	500	225
缶生ビール	500	240	エビス生ビール中びん	500	240	レーベンブロイ缶	500	340	生ビールロング缶	500	240
			缶生	500							
大びん	633	265	大びん	633	265	生ビール大びん	633	265	生ビール大タル缶	550	290
			びん生大びん	633	265		633	265		633	265
			エビスビール大びん	633	275						
缶ビール	750	360	缶生	750	360	生ビールナナハン缶	750	360	生ビールダブル缶	700	340
缶生ビール	750	360									
缶ビール	1,000	470	生タンク	1,000	470	生ビールリッター缶	1,000	470	生ビールジャンボ缶	1,000	470
缶生ビール	1,000	470									
ビヤ樽 1.2l	1,200	720	樽生 1.5l	1,200	720	生ビールボトル 1.2l	1,200	720	ナマ樽 1.2l	1,200	720
					900	生ビールミニ樽 1.2l	1,200	720			
			びん生ジャイアンツ	1,500	850	生ビールミニ樽 1.8l	1,800	1,080	まる生	1,800	980
				1,957							
ビヤ樽 2l	2,000	1,200	樽生 2l	2,000	1,200	生ビールミニ樽 2l	2,000	1,200	ナマ樽 2l	2,000	1,200
						黒生ビールミニ樽 2l	2,000	1,300			
ビヤ樽 3l	3,000	1,670	樽生 3l	3,000	1,670	生ビールミニ樽 3l	3,000	1,670	ナマ樽 3l	3,000	1,670
			黒生 3l	3,000	1,800						
						生ビールミニ樽 5l	5,000	2,700	ナマ樽 5l	5,000	2,700
						生ビールミニ樽 7l	7,000	3,720			
									ナマ樽 10l	10,000	4,600

資料：各社の商品案内パンフレットから作成。

ml) から大びん (633 ml) が中心で，その価格帯は 160 円から 265 円で，この間に各種のタイプのビールが品揃えされていて，4 社は 100 種類のうち最も多い 44 品種を配置している。缶詰めビールの場合，250 ml から 1,000 ml の容量帯と 145 円から 470 円の価格帯に，35 品種が配置されている。更に，樽詰めビールの場合，1,200 ml から 10,000 ml の容量帯と 720 円から 4,600 円の価格帯に 21 品種が配置されている。

　各社が提供している製品種類は，キリンが 22 種，サントリーが 23 種，サッポロが 27 種，アサヒが 28 種で，前 2 社と後 2 社は，それぞれ，フルライン政策の製品数の点で似ている。概して，4 社のフルライン政策に大きな違いはないが，提供されるビールのタイプの点でサントリーが「純生」の単品政策（「メルツェンドラフト」を除く）であるのに対し，他の 3 社は多品政策を採用している。

　このような価格階層別製品政策は，明確に 89 年現在に至るまでも採用されていた。容器戦争が頭打ちになった 85 年春に，サッポロが「中身の多様化政策」を採用して，従来の「ヱビスビール」に加えて「麦芽 100％」生ビールを販売すると，これが消費者の本物を志向する気心をくすぐってこれまで以上に受け入れられ始めたこと，86 年にアサヒが CI を導入すると同時に「コク・キレ」ビールを投入したこと，加えて，87 年 3 月にアサヒが「スーパードライ」ビールを新発売したことなどによっていわゆる「味戦争」が始まったのである。もちろん，ミニ樽容器による「面白路線」が 85 年頃からやや飽きられてきたこと，消費者がミニ樽入りビール自体に割高感を感じ始めたこと[15]，メーカーにとってもコスト面から見て割の良い商品ではないということから，この「面白路線」が見直しされるところとなったこと[16]——特にアサヒは 58 年 9 月に日本初の缶入りビール，79 年 5 月にミニ樽 3 l 生ビールなどの新容器を開発することで容器の差別化に先鞭をつけたのであるが，たちまち他社に模倣されるところとなって自己のシェアを伸ばすことができなく，その行き着くところが「味の変革」になったようである——等によって，容器

戦争は終息することになったのである。

c. 容器戦争がもたらした結果

ここでは，80年代前半に展開された容器戦争がいかなる市場結果をもたらしたかについて説明することにする。

まずはじめに，容器それ自体の差別化はビール容器別出荷量の構成比（表3-5）をどのように変えることになったであろうか。容器戦争が本格的に展開された80年代前半とその後における缶化率（表3-6）を見ると，全ビールに占める缶ビールの比率は82年の11％から86年の20％へとおよそ2倍に上昇している。そして90年には三分の一近くにまでなっている。この逓増傾向は350 ml缶と500 ml缶を中核としてなされたものである。また，缶ビールを

表3-5　容器別出荷数量及び構成比

(単位；1,000 kl，％)

年	1987		1990	
容器	数量	比率	数量	比率
大びん	2,562	48.0	2,645	40.4
中びん	938	17.5	1,064	16.2
小びん	143	2.7	129	2.0
特大びん	—	—	56	0.9
その他	78	1.5	48	0.7
びん計	3,720	69.7	3,941	60.2
缶・350ml	557	10.4	1,078	16.4
缶・500ml	377	7.0	756	11.5
その他	256	4.8	279	4.3
缶計	1,190	22.3	2,112	32.2
家庭用樽	101	1.9	52	0.8
業務用樽	329	6.2	446	6.8
樽計	430	8.0	498	7.6
合計	5,340	100	6,551	100

注；特大びんは1,957 ml。

資料；日刊経済通信社『酒類食品統計月報』（以下，月報）1989年6月号，20頁，1991年6月号，20頁。

表 3-6　会社別缶ビール推定出荷数量の缶化率

(単位；%)

年\会社	82	84	86	88	90	92
キリン	9	10	15	20	27	34.3
サッポロ	10	15	21	27	31	37.5
アサヒ	12	18	24	34	40	44.6
サントリー	25	35	40	41	42	46.7
オリオン	—	38	44	51	57	58.5
合計	11	14	20	26	32	38.5

資料；『月報』1985年9月号以降から作成。

積極的に市場に投入してみずからの存在感を示す努力したのは，サントリーとアサヒであった。他方，樽の比率は86, 87年において約8％で，それ以降減少する徴候を示している。しかも，樽の場合，容器戦争と関わるのはミニ樽＝家庭用樽の多様化であって，これが全出荷量に占める割合は87～90年においてもわずかに1.9～0.8％であったことから推測して，容器戦争が全面的に展開されていた時の前衛としては大きな費用負担であったと思われる。こうした動向の結果，87～90年における容器別出荷量の構成比は，びんは87年に70％，90年に60％，缶はそれぞれ，22％，32％，樽はそれぞれ，8％，8％という状態になったのである。容器戦争がもたらしたものは，缶比率を逓増させる一方で，びんの比率を逓減させたことである。この傾向は，アサヒが日本ナショナル製缶を買収（88年）し，またサッポロが大和製缶との合弁でサッポロビール製缶を設立(88年春)して製缶事業に進出したことで，さらに拡大することになる。

　次に，需要が停滞する状況の下で行われた容器の差別化と容量の細分化は，各社のマーケット・シェアをどの程度変えることになったであろうか（ここでは，オリオンビールを含む5社の数値を使う。表3-7）。80～85年の推移を見ると，キリンは80年の61.8％から85年の60.8％へ（1ポイント縮小），

表 3-7　各社の出荷数量シェア

(単位；％)

年 会社	1980	1982	1984	1986	1988	1990
キリン	61.8	61.9	61.1	59.3	50.2	49.3
サッポロ	19.6	19.9	19.3	20.4	19.7	17.9
アサヒ	10.9	9.9	9.9	10.4	20.6	24.4
サントリー	7.1	7.7	8.9	9.2	8.8	7.5
オリオン	0.6	0.6	0.7	0.8	0.8	0.9

資料；『月報』1987年6月号, 4頁, 1991年6月号, 18頁。

以下同様に, サッポロは19.6％から19.5％（ほとんど変化なし）, アサヒは10.9％から9.8％へ（1.1ポイント縮小）, サントリーは7.1％から9.1％へ（2ポイント拡大）, というように変化した。アサヒは缶ビールを市場に投入することでは, わが国では最初であり, 缶化率を積極的に高めることに努めた。しかし, シェアは拡大するどころか縮小した。4社の中で唯一シェアを伸ばしたのは, 缶化率を高めることを積極的に進めたサントリーであった。激しい容器戦争が展開された割にはシェアに, 概して, 大きな変化は起こらなかったのである。それは, 容器の差別化が価格変更と同じようにたちまち競争相手に模倣されて, その効果が相互に相殺されてしまうからである。

　ここで, これまで記述したことを簡単にまとめ, 次（中身の製品差別化）にすすむ中継ぎにしよう。

　わが国のビール産業は, 5社（90年代になって地ビールメーカーが多数存在するようになるが）しか企業が存在しない寡占産業である。そして, 販売されるビールそれ自体はほぼ同質的――国立醸造研究所の技官いわく。3社のビールは基本的には同じコンセプトでみんな一緒。せいぜい製品が新しいか, 古いかくらいの違いだと。樋口広太郎「私の履歴書」『日本経済新聞』2001年1月9日――であった。同質的であるならば, 消費者は何処のメーカーのビールを購入して飲んでもよさそうに考えられる。しかし, ビールの売上は,

消費者の嗜好，感性，ひいき，ブランド，ビールの鮮度などで左右される商品であって，60年代，70年代には殊に「キリンビール」というブランドは，それ以外のブランドよりも多く消費者に選好された。それゆえ，キリンのシェアは76年には64％弱にまで達することになったのである。

ところが，ビール産業ではほぼ78年頃から，ラガービールに対して生ビール及びいわゆる高級ビールが，また従来の大びん・中びん・小びん詰めビールに対して缶詰め・樽詰めビールがより選好されるようになった。これによって，ラガービールに対して生ビール及び高級ビールという形での製品差別化と，容器・容量・デザイン等の面での製品差別化が本格的に行われるようになった。他面で，新製品開発・宣伝広告という面では各社間で激しい競争が展開されるのであるが，価格面ではほとんど競争が行われないのである。また，ほぼ78年頃から，ブランド面での製品差別化に，生ビール・高級ビールという面と容器・容量・デザイン等の面での製品差別化が加わった。この後者の製品差別化の面で，各社はどのような価格・製品政策を採用したか，それを包括的に示したものが先の表3-4である。

キリンは「ライトビール缶」250 ml，145円から「ビヤ樽」3 l，1,670円の間に22品目，サッポロは「ひとくち」200 ml，120円から「黒生」3 l，1,800円の間に27品目，アサヒは「ミニ缶」250 ml，145円から「ミニ樽」7 l，3,720円の間に28品目，サントリーは「超ミニ缶」150 ml，100円から「ナマ樽10」10 l，4,600円の間に23品目を揃えることになった。このような価格階層別製品系列は，第一次石油ショック後（74～78年）のビール消費量の年平均伸び率が，それ以前（64～73年）の8.3％に対して3.9％，第二次石油ショック後（79～82年）のそれが1.7％へとダウンしたことを背景に，大雑把に言って二回に分けて形成された。需要成長率が停滞した状況の下で，企業間の市場分割競争が激しさを増したので，できるだけ自社の製品を消費者に愛顧してもらうために，新製品を開発するという形で製品差別化が次々となされた。それは，第一次石油ショック以降の消費者行動の変化——人々

の欲求は生活する喜び，生きがい，個性化を追求するものとなった——を捉えることになったのである。

　78～80年にかけての製品差別化行動は，ほぼ10lから350mlの間で，アサヒが樽詰めで，サントリーが缶詰めで先行し，サッポロは両者に追随し，それによって「粗い製品系列」を形成した。次の81～83年半ばにかけてのそれでは，4社がほぼ2lから200mlの間で，「密な製品系列」を形成することになった。この期の製品差別化は，キリンが樽詰め・缶詰めの生ビールを投入して3社に挑戦する形をとり，それによって前期の比較的粗い製品系列をより密な製品系列にすることになった。

　こうして，83年半ばにはビール産業の価格階層別製品系列は，自動車産業におけるそれとほぼ同じ様な形をとることになった。乗用車産業の場合，主として，それぞれの人々の所得の大きさと消費者の選好に対応して製品差別化がなされ，それによって価格階層別製品系列（ワイド・セレクション政策を含む）の形成や製品の陳腐化を目的とするモデル・チェンジが展開される。そして，これらのものは乗用車産業における寡占体制の形成と関わりを持っている。他方，ビール産業の場合，主として，人々の所得の大きさというより，その時々の財布の中身とその時々の気分や嗜好に対応するように価格階層別製品系列が形成され，しかも寡占体制の下で展開されている。それは，需要が停滞する下での市場分割戦の具体的な形態である。いわゆる高級ビールの投入は，その他のビール市場とは別の市場を形成することを意図しているであろうから，それは市場細分化のための製品差別化といってよいであろう。他方，高級ビール以外のラガービール・生ビールにせよ，容器・容量・デザイン等にせよ，それらの組合わせによる製品差別化は市場細分化というよりも市場再分化——シェアの分捕り合戦——を意図したものといってよいであろう。

　1）　主要酒類の価格格差（1.8l換算で）は次の如くである。74年（春）現在では，ビー

ル（445円＝1.0）を基準にした時，清酒1級（1,180円）は2.6，焼酎甲類25度（660円）は1.5，ウィスキー特級（5,211円）は11.5，という格差が存在していた。84年（増税後）現在では，ビール（882円）を基準にした時，それぞれ，1,870円で2.1，980円で1.1，7,508円で8.5，という格差が存在していた。両時点で比較すると，わずかに価格差は小さくなっている。日刊経済通信社『酒類食品統計月報』（以下，月報）1984年11月号，50頁より作成。
2）『月報』1984年11月号，51頁。
3）その努力の一端は，60年から72年における広告宣伝・その他一般管理費の対総売上高比率がキリンにあってはほぼ3.3％と一定であるのに対し，サッポロは4.3％から7.6％へ，アサヒは4.2％程度から9.3％へと増加傾向をとっていることから窺える。熊谷尚夫編『日本の産業組織 III』中央公論社，96頁。また，大びん1本当たり広告宣伝費がキリンでは最小，サントリーが最大であることからも，窺えよう。69年における各社の大びん1本当たり広告宣伝費は，キリン0.87円，サッポロ2.83円，アサヒ3.24円，サントリー32.03円である。公正取引委員会『管理価格（2）』1972年，6～7頁の表から計算。
4）たとえば，キリンの多角化は，71年のウィスキー分野への参入，76年の食品分野への進出，そして先端技術分野への進出である。梅沢昌太郎『独走キリンビールの決断』評言社，1983年，21～90頁参照。
　85～86年における各社の多角化(部門別販売比率)の状況は次のとおりである。但し，ビールの比率が最も小さいアサヒの数値だけを示す。ビール75.5％，清涼飲料20.8％，食品・薬品1.4％，ワイン・その他酒類2.3％（不動産は86年から）。93年においては，ビール84.2％，清涼飲料12.7％，食品・薬品0.3％，不動産2.2％，ワイン・その他酒類0.6％。両時点を比較してみて，各社の多角化が大きく進展しているとは言えない。ビール会社の中核をなすものは，ビールと清涼飲料である。食品，医薬品，不動産分野が大きく伸びると，多角化が進んだといえるであろう。『有価証券報告書総覧』1986年，1993年参照。
5）岡田康司，谷栄子『食品産業』東洋経済新報社，1980年，3，4，50，51，56，57頁参照。なお，同氏らの販売促進及び製品の多様化と市場の細分化については，同書，51，58頁参照。私の市場の細分化と製品差別化の関係については「大量生産と生産物差別化の関連について」『専修経済学論集』第10巻第1号，1975年，を参照されたい。
　ついでに，二瓶喜博氏の製品差別化概念については「わが国家電産業における製品差別化」『亜細亜大学経営論集』第17巻第1号，第2号，第18巻第1号，第2号を参照されたい。私の製品差別化概念及び製品差別型寡占体制については「ヴァッターの『差別化』概念の検討」『専修大学社会科学研究所月報』1981年，「寡占体制成立の検討」『専修経済学論集』第17巻第1号，1982年，を参照されたい。

6) 独占分析研究会編『日本の独占企業, 5』新日本出版社, 1971年, 419頁。
7) キリンビール株式会社『キリンビールのすべて』1983年, 参照。
8) これは, 今日におけるライフスタイルや健康(あるいは健康食品)ブーム時代にマッチするものとして, 昼食事, スポーツの後に, 行楽の時などに手軽に飲めるタイプのものとして開発された。サッポロは米国ミラー社の「ミラー・ハイライト」,「ライト・ビール」を7月上旬から輸入販売を開始。『日本経済新聞』1983年5月27日。
9) ライセンス生産した製品で自社醸造のビールではない。サントリーは, 米国のアンホイザーブッシュ社の「バドワイザー」を輸入販売している。キリンは, 1984年春からオランダのハイネケン社の「ハイネケンビール」をライセンス生産・販売した。輸入ビールは「ファッションビール」,「プレミアムビール」として過去5年間に平均30%の増加を記録。『日本経済新聞』1983年9月14日。
10) サッポロビール株式会社『BEER GUIDE SAPPORO』1977年度版参照。「ヱビスビール」は従来のビールがコスト上昇によって価格の引上げを余儀なくされたので, 本物ビール＝高品質ビールを供給することによって, 価格を相対的に安くする意図で開発されたそうである。83年3月に発売された「ヱビス生ビール」(中びん)及び「ヱビス缶350」は, 消費者の生志向と容量の少量化, 容器の小型化に対応するために開発された。
11) 「ヱビスビール」,「マインブロイ」,「メルツェン」の3種の, いわゆる高級ビールについて, 日本サラリーマンユニオンが行った試飲テスト(77年4月8日, 日本消防会館において)の結果については, 日本消費者連盟編著『ほんものの酒を!』三一書房, 1982年, 180～182頁。
12) 84年の面白容器については,『月報』1984年8月号, 21頁, 1985年9月号, 19頁。
13) 『月報』1984年8月号, 21頁。
14) 容器の細分化が行き渡った次に考えられたものが, 缶自体の装飾化であった。83年に話題になったファッション性を備えた容器は, たとえばサントリーの「まる生」, サッポロの「生タンク」である。83年に容器・形状で話題になった商品はビールだけではない。飲料分野では, 森永製菓の「クリーンカップ」(空き缶規制対策として紙ラミネート容器を採用), 不二家の「コーヒーウェイ」(横長の容器を採用), 食品分野では, 雪印乳業の「リーベンデール」(高級アイスクリームの容器にプラスチックを採用), 缶詰め業界のイージー・オープン缶, 食用油業界のハンディータイプの丸缶。各社が容器の開発に熱心な理由。各商品の寿命が短くなり, 絶えず目先の変わったものを消費者に提供しないと落伍する恐れがあること, 変わった味覚の画期的な新商品はなかなか生み出せないこと等。『日経産業新聞』1984年1月6日。
15) 86年にキリンを除く3社は, 1,650 mlのスチール缶を発売した。1 ml当たりビールは, 特大びんは0.51円, 缶は0.55～0.63円, 樽は0.64～0.643円であって, びんは缶より, 缶は樽より割安である。
16) 『月報』1986年6月号, 18頁。

17) オリオンビール；1957年設立，製造開始59年2月，発売開始59年5月。89年3月31日現在で，資本金3億6,000万円，社員257名，売上高207.3億円，製造能力年6万kl（89年7月以降）。製品のタイプはピルゼンタイプ，3品種（ラガー，ドラフト，ドライ・ドラフト），12製品（ラガー大びん，ドラフト大・中・小びん，250ml，350ml，500ml，1,000mlの缶，ミニ樽缶，ドライ中びん，350ml，500mlの缶）を発売。生化率は95％以上。『Orion，会社ご案内及び工場ご案内』参照。

3. 中身の製品差別化――味戦争――

　ビールの成分は，およそ水が90％，エタノールが3～5％，炭酸ガスが0.3～0.5％，エキス分が5～7％であるといわれている。この5～7％のエキス分がビールの味を決めるそうで，それは原料の質（大麦やホップの質）と酵母の性質と働きによって左右される。おいしいビールは，次のような条件を備えているものであるといわれている。

① 琥珀色できれいに澄んでいること
② 清涼感，爽快感があること
③ 爽やかな香りがあること
④ キメ細やかな白い泡が出ること
⑤ 爽快なほろ苦さがあること
⑥ コクがあり飲み飽きない味であること

これらの条件がどのように満たされているかによってビールの味が決まる。苦みの強いビール，切れ味の良いビール，コクのあるビール等々。われわれの舌はある味に慣れ親しむと，その味からなかなか離れられない。しかしながら，今までに味わったことのないものを口にした時，われわれの舌がおいしいと味覚すると，それ以前においしいと思っていたものを疎んじるか，あるいは両方とも愛飲・嗜好することになる。総じて，われわれの舌は保守的であるといわれている。

　味の変革，味の多様化，「舌の贅沢化」現象がビール業界に起こった。これ

までの味に満足していない人々，これまでの味に飽きた人々，これまでの味に慣れ親しんでいないない人々，これらの人々は新製品が発売されれば，それへと靡く。いわんや，おいしいとなれば，それに飛びつく。企業家精神の旺盛な企業ならば，既存製品に対する需要が停滞ないし減退しておれば，あるいは同一製品を馬鹿の一つ覚えのごとく造っていては駄目だと自覚すれば，更に競争相手と同じ土俵で相撲を取っていては勝ち目がないと悟れば，何か新しいものを造ってみたいと思うであろう。ビール業界では，ラガービールに対して生ビール（あるいは生ラガービール），高濃度あるいは麦芽100％ビール，ライトビール等が市場に投入されてきた。生ビールはすべてのビール出荷量に占める割合（生化率）を高め続けてきて（生化率は77年約12％，82年28％，88年62％。88年におけるキリンのそれは30％で，他社の三分の一に過ぎない。表3-8)，熱処理されていないビールの味を愛飲家の間に広めてきた。しかしながら，これが本来のラガービールの熱処理されていないものに過ぎない限りでは――もちろん，現在では生ビールといわれるものの中には，麦芽100％ビールやドライビール等も含まれている――味の多様化，味の変革とは言えないかもしれない。ただし，「ビールそれ自体」の差別化にはなるであろう。

このようなプロローグの後に，本格的といってよい味の変革，味の多様化，中身の差別化及び「舌の贅沢化」の時がやってきた。高濃度ビールは，上述したように，以前から販売されていたが，サッポロが85年4月に市場に投入した麦芽100％生ビール「NEXT ONE」（ライトタイプである）及び86年3月以降の「クラシック」，「クオリティ」，「アワーズ」等がより多数の愛飲家に本格派のビールとして認知され始めたこと，アサヒが86年はじめにラガービールの味に変わる新しい味のビール，つまり「苦味の強いビール」に代わって「味わい（コク）と喉越しの快さ（キレ）を備えたビール」を販売したこと，更に，アサヒが87年はじめに従来のラガービールより辛口であるビール「スーパードライ」を販売したこと，このようなメーカーによる味の多様化あ

るいは味の変革及び消費者の「舌の贅沢化」が相互に作用し合って「ビールそれ自体」の差別化の広がりを見せて，ビール業界に地殻変動を引き起こしたのである。

(1) 生ビール

　戦後日本でびん詰め生ビール（あるいは生ラガービール）を最初に発売した会社はサッポロで，63年4月に「サッポロジャイアンツ」（瞬間殺菌法による生ビール），64年4月に「サッポロ生小びん」，69年5月に「サッポロびん生」（発売のタイミングが早すぎたために，北海道でだけ販売）を販売した。これらの商品は試販用といってよく，これによって需要の動向を図っていたようである。そして，ようやく77年4月の「サッポロびん生」，いわゆる「黒ラベル」でもって本格的な全国販売が開始されることになった。アサヒも同様で，64年3月に「アサヒスタイニー」（瞬間酵母処理法による生ビール），68年6月「アサヒ本生」（69年3月まで限定販売。それ以降全国販売。78年3月に「アサヒ本生」の大びんと中びんのラベル変更），78年11月に新商標の「アサヒ本生」を発売。他方，新参者のサントリーは大手3社のドイツタイプのビールとラガービールの路線を踏襲しないで，それに対する差別化政策を採用してオランダタイプのビールと生ビールでもって参入を試みた。67年4月に「純生」を投入して以来今日まで，ライセンス生産を除いて，生ビール路線を貫いている。これら3者のびん・缶・樽詰め生ビールの開発によって，生化率は77年に約12%であったが——同年のサントリーのシェアは6.5%であった——，この頃から本格的に生ビールが販売されて，需要は拡大傾向を示し，生化率は82年28%，85年41%，88年62%と高くなった。ただし，キリンを除く3者の生化率は82年に65%以上，86年に81%以上，88年に86%以上になった。キリンは，従来ラガー路線に固執することがキリンの存在証明であるかのように主張していたので，生ビールの販売を本格化することに躊躇していたようである。

表 3-8　生ビール推定出荷数量の生化率

(単位；%)

年\会社	1982	1984	1986	1988	1990	1992
キリン	2.5	9	15	30	29	40.2
サッポロ	65	73	81	90	93	96.0
アサヒ	67	80	85	99	100	99.8
サントリー	100	97	95	95	94	82.7
オリオン	—	98	98	99	99	99.7
合計	28	37	44	62	63	68.3

資料；『月報』1985 年 9 月号以下から作成。

　しかしながら，生ビールに対する家庭需要が拡大してくるに連れて，背に腹はかえられぬと見て，あるいは他社の動向が気になって，83 年頃から缶詰め・樽詰め生ビールを販売するようになり，85 年に「びん生」(大・中びん)を発売することで，生ビールに本腰を入れ始めたようである[4]。殊に，88 年には，主要な新製品のほとんどが生ビールであった。これによって，キリンの生化率は 82 年の 2.5％から 88 年の 30％に急上昇したので，全ビールの 62％が生ビールという状況になった。その後，キリンが 96 年に「ラガービール」を生ビール化することに踏み切ったので，全ビールの 99％が生ビールとなるのである。

　生ビール路線は，主としてキリンを除く 3 社の約 20 年間に及ぶ営業努力の成果としてラガービール路線を凌駕することになった。ラガービールに対する差別化製品としての生ビールは，濾過技術の進歩及び最近のフレッシュローテーション[5]の強化等によって主流となったといってよいであろう。濾過技術の進歩が製品差別化を可能にしたと考えられるから，これについて一言触れておくことにしよう。差別化のための技術上の違いの一つは，ビールの濾過装置にあるようで，キリンは「紙パルプを重ね合わせた比較的目の粗いフィルターを使って，濾過している。それより新型で目の細かい珪藻土濾過

装置は，最近やっと一部で使いだしたぐらいである。そして，樽に詰めるもの以外は，全部トンネル・パストリゼーションという低温殺菌の処理をして，ラガービールのビン詰め」として出荷している。アサヒは「濾過には珪藻土濾過装置を使っている。……これ（本生）は珪藻土濾過をしたままの，つまり酵母の生きている，樽詰めの生ビールとして出すのと同じものを，ビン詰めしたものである。」サッポロの「びん生」は「珪藻土濾過をしたものを，さらに目の細かい素焼きの濾過機を通してビン詰めにしたものだ。これだと酵母を通さないので，品質の変わることがない。樽の生のほうは珪藻土濾過だけで，無論酵母は生きている」。サントリーの「純生」は「サッポロのびん生が素焼きの円筒で濾すところを，ミクロフィルター……にかける。酵母も雑菌も一切通さない目で濾したものを，ビンにも樽にも入れて販売している……」[6]。ところで，サッポロが，セラミックで酵母をとることに成功したのは68年で，「びん生」としてセラミック濾過のビールを本格的に売り出したのは77年からである。また，同年からシェアの維持・拡大のため販売の中心をラガービールから生ビールへと転換した。同社のビール全体に占める生ビールの割合は，79年度の38％から80年度の44％に上昇し，81年度には50％超を予定していた。そして81年度には，新聞広告やテレビのCMで家庭用生ビールの製造技術を前面に押し出して「うまさの秘訣」を消費者に訴えた。その甲斐あってか，82年度には5年前よりも約5倍（8億2,000万本）も伸びて，生ビールでは業界トップとなったのである[7]。

　愛飲家はいつの時代でも手ごろな値段で本当においしいビール（広くは酒類）を求めているのであるから，醸造家は常づねそれに応えるべく開発努力をして頂きたい。われわれ消費者は，いずれの会社のどの酒を，またどの銘柄を，飲まなければならないという義務はないのであるから（世の中にはそうでない人々もいるようであるが），本当においしい酒を，飲みたい所で，飲みたい時に，飲みたい人と，飲んで人生を楽しいものにしようとする[8]。更に，文人であるなら，歌の一首でも詠んで，楽しむであろう。

(2) 麦芽100%ビール

　容量のTPOを追求したものが容器の差別化であり，品質のTPOを追求したものが中身の差別化である。味の差別化，特にラガービール及びその生ビールに対する差別化製品には麦芽100%ビール，ライトビール，スタウト，黒ビール，更にビールをベースにしたカクテル酒などが考えられる[9]。麦芽100%ビールは71年12月からサッポロの「ヱビスビール」として販売されたが，70年代にはそれほど売上は伸びなかった。ところが，80年頃から伸び始めたこと，加えて85年に容器戦争が頭打ちになったことなどを背景に，サッポロは消費者が中身の多様化と「舌の贅沢化」，つまり西ドイツで一般的な「純粋ビール」に相当するビールを望んでいると判断して，既存の「ヱビスビール」ラインに85年に「NEXT ONE」[10]——低アルコール（3%）で，低カロリー（約30%カット）のライトタイプ。そのコンセプトは「軽いけれど本格派」[11]——と「クラシック」——350 ml缶215円，500 ml缶280円。北海道での限定販売。エリアマーケティングであって，経済学的には「位置的差別化」政策の展開[12]——とを追加したのである。さらに，86年に「クオリティ」と「アワーズ」——価格は「クラシック」と同じ。前者は本州，後者は九州で販売——の新製品を追加すると同時に，「クラシック」の1 l缶545円と大びん，「NEXT ONE」の500 ml缶，及びデザインを一新した「ヱビスビール」の4品種を投入して，ラインナップの充実を図ったのである。

　このようなサッポロの麦芽100%ビールの積極的な品揃え政策に対して，キリンは85年3月から西ドイツ向けに輸出していた「エクスポート」[13]——330 mlびん220円——を，アサヒは「レーベンブロイ」を，サントリーは「モルツ」——350 mlびん195円，缶215円，500 ml缶280円——をもって対抗した。87年には，各社は次のような新製品を販売した。サッポロは「エーデルピルス」——330 mlびん230円，350 ml缶240円——及び「クオリティ」と「アワーズ」を，キリンは「ハートランド」——350 ml缶215円，

500 ml 缶 280 円――と「エクスポート」――350 ml 缶 225 円――を，アサヒは「100％モルト」――350 ml 缶 215 円，500 ml 缶 280 円――を，サントリーは「モルツミニ缶」――250 ml 缶 170 円――と「モルツジャンボ缶」――1 l 缶 545 円――を。

　この種のビールは，77～83 年頃には「高級ビール」といわれた。83 年における価格は――350 ml 入り。ラガー及びその生は，ともに 185 円。「ヱビスビール」缶は 195 円，「マインブロイ」びんは 220 円，「メルツェンドラフト」びんは 220 円，缶は 235 円，「レーベンブロイ」びん・缶はともに 260 円，であった。ラガービールに比べて高級ビールは 10～75 円高かった。しかも，各社の価格は全く同じではないので，それなりに各社のビールは，価格，中身及びブランド名で特徴を持ち合わせていた。しかしながら，86, 87 年の時点ではどうか。330 ml びんでは「エクスポート」は 220 円，「エーデルピルス」は 230 円である。350 ml 缶では「エクスポート」は 225 円，「エーデルピルス」は 240 円である。他の銘柄とラガー及びその生の価格は 215 円である。各銘柄間の価格差は 10～25 円と小さくなっている。

　それは，各社が多少なりとも規模の経済性を享受してコスト差が小さくなったこと――86 年比で 87 年には，ビール出荷量は 7％，麦芽 100％ビールのそれは 136％，88 年には，それぞれ，16％，96％と伸びて，後者の伸び率の方がはるかに大きく，その出荷規模は 88 年には 86 年の約 2 倍弱になっている。あるいは，この種のビールを「高級ビール」の範疇に入れるのは時代遅れになったことを反映しているのではないかと思う。価格差が小さくなったということ，またそれほど意識しなくなったということから，麦芽 100％ビールはラガービール及びその生に対する差別化製品ではあるが，今では各社間のその差別化は価格と中身によって高級感を追求するのではなく，ただ消費者の好みの多様化に反応した市場の細分化を進めているものに過ぎなくなっている，といった感じが強くなっている。

表 3-9 麦芽 100％ビールの出荷数量及び各社のシェア

(単位；1,000 kl，％)

年		86	87	88	90	95	伸び率			
							87/86	88/86	90/88	95/88
麦芽 (a)		(75)	(176)	146	289	395				
全ビール (b)		4,970	5,340	5,750	6,551	6,714	135	95	98	171
a/b		1.5	3.3	2.5	4.4	5.9	7	16	14	17
シェア	キリン	2.2	12.8	28	7	9				
	アサヒ	4.3	11.5	3	1	―				
	サッポロ	59.9	25.5	25	14	23				
	サントリー	33.6	50.2	44	78	68				

注；1986，87 年の麦芽 100％ビールの数量はシェアからの推測値。
資料；『月報』1988 年 6 月号以降から作成。

以上のように，大手 4 社すべての麦芽 100％（生）ビールが出揃ったこと，消費者のいわゆる「本物あるいはナチュラル」志向が近年高まっていること――清酒の場合に，生酒，純米酒，吟醸酒，本醸酒を求める消費者が増えている現象と同じであろう――さらに，麦芽 100％（生）ビールは既存の主力商品と価格はほとんど同じ水準であることから，それ独自の特殊市場を徐々に形成しつつある。ただし，一時的には麦芽 100％ビールに対する需要は，87，88 年に起こった「ドライ旋風」の影響を受けて，88 年には縮小したが，それ以降には着実に増大している。88 年比で 90 年には 98％，95 年には 171％も伸びて，そのシェアは 5.9％になっている。

また，この分野における各社の勢力地図は，短期間の内に次のように激変している。先行したサッポロがシェアを低下させる一方で（86 年の 59.9％から 95 年の 23％），サッポロを追撃したサントリーがシェアを大きく伸ばしている（同じく，33.6％から 68％）。他方，キリンは一時的にシェアを伸ばしたのであるが，90 年代は一桁台に過ぎなく，アサヒはこの分野から完全に撤退してしまった。かくして，麦芽 100％ビール分野では，サントリーの「モルツ」というブランドが支配的となったが，ブランドの「格」という点ではサッポロの「ヱビス」が一枚上ではないかと思われる。

(3) 辛口ビール

　ビールの競合商品は，清酒，焼酎，ウィスキー等であろう。75～85年の間に，ビールは酒類消費額の種類別構成比において37％から47％へ10ポイント，焼酎は3％から6％へ3ポイント上昇したのに対して，清酒（合成清酒を含む）は38％から23％へ15ポイントも低下している。清酒や焼酎業界の動向は，ビール業界にも何らかの影響を及ぼしているだろうし，もちろん，逆の関係もあるだろう。はじめに，清酒と焼酎業界における最近（80年代半ば）の動向を説明して，本論に移ることにしよう。

　清酒業界における注目すべき動きは，「生酒」(生貯蔵酒を含む）と「純米酒」の醸造発売であろう。生酒は，最初は菊正宗，次いで金杯（77年），白鶴（81年），月桂冠（84年）によって発売され，以後多数の醸造メーカーが発売するようになった。85年までが生酒の揺籃期，86年以降が成長期といわれ，86年の生酒の全出荷量は，約10万石で，うち大手15社は約5.5万石であった。純米酒は，従来地方二級酒蔵の中堅清酒メーカーの差別化商品として開発された色合いが濃く，81年秋から灘，伏見の大手が一斉に発売を始めて，一つの潮流が形成されたのである。また「吟醸酒」は，秋田，北陸などの中堅メーカーに灘，伏見の大手メーカーが加わって，それぞれが技術を競う形で，醸造されることになった。純米酒，吟醸酒の85年における製造量は18万石であった。これら生酒，純米酒及び吟醸酒の多くは二級酒で，このクラスにおいて高付加価値商品を開発することで，清酒の新しい需要を開拓し，清酒業界が見直されるきっかけをつくった。なお，清酒消費量の85年に対する87年の伸び率は3.4％で，これに対し二級酒のそれは7.3％であった。

　他方，いわゆる「焼酎ブーム」の兆しは，76年に三楽オーシャンが「白楽」を販売した頃から現われ始め，77年3月に宝酒造が「純」を販売することによって確かなものになった。このブームは85年に頂点に達し，以後急速に衰えていった。ただし，このブームは若者に焼酎をお湯割りやカクテルにして飲むことを流行させた。清酒の特に鼻につく臭い（匂い），ややスッキリしな

い口当たり（喉越し），何となく安手の徳利と猪口で飲む野暮ったさ等があることから来る清酒に対する抵抗感の強さ——逆に，轆轤の上手な陶工がつくった（あるいは使い込まれた古い）徳利と猪口で飲むと，粋で上品この上ない——に対し，焼酎は色々な飲料とカクテルで飲めること，清酒のような鼻につく臭いがなく，キリリとした口当たり，あるいはすっきりとした喉越しを楽しむことができる。また，クリスタル調のしゃれた容器でカクテルを飲むと粋であり，その上比較的割安であることなどからくる焼酎への抵抗感の少なさが，ブームを引き起こしたのではなかろうか。このような清酒・焼酎業界における動向が，ある面において，ビール業界における生ビール，麦芽100％ビール，ドライビールに対する需要の潮流に何らかの影響を及ぼしたであろうと考えられる。勿論，逆の関係も。

　ドライビールのブームは，焼酎ブームの後を追うがごとく現れたのであるが，ビール業界にだけ限定して観察してみると，これはアサヒの一連の市場行動から起こっている。既に記述したように，アサヒは容器の多様化に先鞭をつけ——58年に日本初の缶入りビール，71年に日本初のアルミ缶入りビール，77年にミニ樽（アルミ容器）——そして，79年に「ミニ樽3」生ビールを発売することで，いわゆる「容器戦争」の火蓋を切ったのである。しかし，容器の多様化は他社にその都度模倣されて追い抜かれ，容器戦争も85年になると頭打ちになってしまった。結局，アサヒの行き着いたところが「ビールそれ自体」と会社の変革であったように思われる。

　朝日麦酒は，86年1月にCI（Corporate Identity）を導入し，社名をアサヒビールと改名した。また「ニューセンチュリー計画」——89年11月に創業100年を迎え，次の100年に向けての計画——と題して，これまで親しまれてきた味とラベルを一新した。つまり「赤い波とアサヒのブランドマークに代わって，白地にブルーのASAHIをブランドマークとコーポレートマーク」にし，また「新しい味のビール，味わい（コク）と喉越しの爽やかさ（キレ）があるビール」を開発・販売した。「味もデザインも一新されたアサヒ生ビー

ル」は86年2月から「コクがあるのに，キレがある」をキャッチフレーズに販売された「百万人大試飲キャンペーン」や広告等の販売活動によって「アサヒ」及び「コク・キレビール」は消費者の間に浸透していった。87年2月に，アサヒは「100％モルトビール」，同年3月にアルコール濃度を高めた辛口ビール「スーパードライ」を，4月に「クアーズ」（ライセンス生産。89年には「スーパードライ」への傾斜生産のため輸入品に切替え）を発売して，味の多様化路線を具体的な形で示した。「スーパードライ」の発売が当初予定していた以上に好調であったので――3月の発売時点での年間販売計画は100万箱（1箱；大びん20本換算）であったが，実績は1,300万箱であった――，他社はこれに刺激されて88年2月下旬以降に模造品を，キリンは「キリン生ビールドライ」（334 ml 缶，1,957 ml びんなど8品目），サントリーは「サントリードライ」（7品目），サッポロは「サッポロ生ビールドライ」（8品目）を発売した。後発3社は，発売当初「スーパードライに商品コンセプトやデザイン，名前が酷似している」と「知的所有権」の問題でアサヒにクレームを付けられ，その出鼻をくじかれるとともに，各マスコミが「ドライ戦争」と題して無料の大宣伝を行ってくれたことも手伝って，ドライビールに対する需要は急激に拡大した。もちろん，従来のビールに飽きていた愛飲家層がドライビールのスッキリした味――この点において「チューハイ」愛飲家層がドライビールの方に移ったと推測できる――に魅了され，それを愛飲したことにも因るであろう。

　88年2月から89年1月にかけて展開された「ドライ戦争」がどんなに凄かったかは，表3-10で明らかである。4社のドライビールが出揃った88年2月から6ヵ月後の夏場には，ドライビールは全ビールの40％強を占めるまでになった。それ以降89年の夏場まで30％台を維持し，秋口になってようやくブームは下火に向かったのである。そして，アサヒを除く3社のドライビールに対する需要が伸び悩む中で，サッポロとサントリーはこの分野から91年に，また緒戦において善戦していたキリンも94年に撤退したのである。アサ

表 3-10　ドライビール月別出荷数量と割合

(単位；万, 箱)

年	1988		1989	
月	数量	割合	数量	割合
1	160	8.7	630	35.0
2	360	14.6	841	31.0
3	735	22.8	1,113	31.0
4	1,190	28.4	1,355	30.0
5	1,465	36.0	1,185	28.4
6	1,770	36.1	1,501	29.5
1〜6	5,680	27.5	6,625	30.3
7	2,460	43.3	1,888	33.5
8	1,890	41.0	1,473	31.0
9	1,482	39.4	1,161	29.9
10	1,184	37.0	966	28.5
11	1,038	34.7	928	27.1
12	1,391	31.0	1,303	26.8
7〜12	9,445	38.2	7,719	29.8
1〜12	15,125	33.3	14,344	30.0

注；1箱は大びん20本換算。割合は全国ビール課税移出数量に対する比率。
資料；『月報』1990年6月号, 18頁。

ヒは味の変革で完全に勝利を得たことになるであろう。

　88年における各社のアサヒに対する戦略が正攻法であったのに対して, 89年2月以降における各社の戦略はドライビール一点集中を回避する搦め手に変わった。つまり, 競争相手は「スーパードライ」を正面から突くと同時に, 周辺から包囲する戦略をとった。[22] これが, 結果的には, 味の多様化に拍車をかけ, 消費者の味覚を多様な商品で満たしてくれることになった。また, アサヒを除く3社の戦略が変更されて, 89年2月以降辛口ビールの生産量はスローダウンすることになった。しかしながら, 4社の辛口ビールが出揃った

表 3-11　ドライビールの出荷数量,割合及び各社のシェア

(単位；1,000 kl, %)

	年	1988	1989	1990	1995	89/88	90/88	95/88
	ドライ (a)	1,915	1,804	1,596	1,541	−6	−17	−20
	全ビール (b)	5,750	6,054	6,551	6,714	5	14	17
	a/b	33.3	29.8	24.4	23.0			
シェア	キリン	26.4	14.7	7	—			
	アサヒ	49.4	73.3	88	100			
	サッポロ	14.5	6.8	3	—			
	サントリー	9.7	5.2	2	—			

資料；『月報』1989年11月号以降から作成。

88年2月から数えてわずか1年3〜4ヵ月間で,辛口ビールは全ビールの30％強に達したのである。これを生化率(85年以降の麦芽100％ビールのほとんど全部と辛口ビールは生ビールである)と比較してみると,77年に約12％であった生化率は6年後の83年に33％に達した。生化率の進展が遅かったのは,キリンがラガービール路線を基本的に維持していたからであり,他方,辛口ビールの浸透速度が速いのはキリンがサッポロ,サントリーと同時にこの分野に参入し,莫大な宣伝広告費——サントリーを除く3社は,88年に前年比で38.4％アップの725億円——を投入したからでもある。

ビール業界において起こっている味の変革,中身の差別化・多様化,「舌の贅沢化」——一層おいしいものを,あのタイプのものよりこのタイプのものを,あれもこれもを,欲求するようになったこと——は,とにかく,本物ないし自然食品を志向する消費者,ラガービールの味に飽きた一部の人々,チューハイブームでスッキリとした喉越しのよい味を味覚した人々の存在,加えて,容器の差別化では販売量の増加はほとんど起こらないし,各社のシェアはほとんど変化しないということ,こういうことにメーカーが気付き積極的な製品・販売政策を採用したことによるであろう。

メーカーの積極的な行動——広告宣伝費は,86年基準で87年には28.2％,

88年には77.4％アップした。特にアサヒのそれは著しく増大した。また，ビール設備能力の操業度も86年以降はそれ以前と比べて変化している——の成果は，各社のシェアの変化と利益及び利益率に現れている。これらの変化は，全てアサヒの「コク・キレビール」と「スーパードライ」によって引き起こされたといっても過言ではないであろう。

(4) 容器戦争及び中身戦争の成果

ビール業界における製品差別化は，まず中身の差別化から始まって——宝酒造は既存3社のドイツタイプのビールに対してよりドイツタイプのビールで，サントリーは既存4社のドイツタイプのビールに対してデンマークタイプのビールで，参入を試みた。サッポロとアサヒは熱処理したラガービールに対して瞬間殺菌した生ビールで市場細分化を試みた——，次に容器の差別化——びんから缶，缶からミニ樽。それも樽型アルミ缶からPET樽へ——，そして再び中身の差別化——副原料使用のラガービールに対して麦芽100％ビール，ライトビール，辛口ビール，ライセンス生産ビール，大麦の代わりに小麦を原料としたワイシェンビール等——へと変化した。

最初の差別化のうち前者（サントリーの生ビール）は，ビール消費量が全体的に大きく増大している時期であったが，既存3社の市場の支配力の下でほとんど効果を発揮することができなかった。後者（サッポロとアサヒの生ビール。後には，セラミックフィルターなどで酵母を濾過した生ビールとなる）の方は，本来の意味での生ビールではないにしろ，生産者が生ビールであるといって提供する品物を消費者が生ビールだと信じてくれたお陰で，それは徐々に市民権を得るようになって，80年代後半にはビール消費量の主流になった——97年には生化率は限りなく100％に達している——。

次の容器の差別化は，どちらかというと需要の停滞する状況の下で「ビールそれ自体」を詰める容器を容量の多少に応じて差別化するまったく形式的・表面的・便宜的もので（ただし，ファッション性も備えていたが），一時的な

効果を上げることはできたと思われる。しかしながらら，ある会社が新しい製品を発売すると他の会社がたちまち同じような製品を模倣して販売するので，容器の差別化は，結局は，各社の容器が標準化されて差別化の効果（その一つはシェアの変化）を発揮させなかったように思われる。ただし，この付随的効果は運搬や処理に便利な缶化率を増大させたことであって，97年におけるビールと発泡酒市場における缶化率はおよそ52％にまでになっている。また，容量の差別化は買手の消費単位あるいは買手の便宜性に応ずる形で効果を持っている，といえる。

　二度目の中身の差別化は，特に熱処理されたラガービールに対する差別化製品としての，「ビール純粋令」で規定されているドイツタイプの麦芽100％ビール，低アルコール・低カロリーのアメリカンタイプのライトビール及び新しい辛口ビール等の製品開発であった。このような中身の差別化によって，従来からあるスタウトや黒ビールとともに，消費者はそれぞれの好みやその時々の雰囲気と料理に合わせて好みの味のビールを飲むことができるようになった。この点において，愛飲家の「舌の贅沢化」がこれまで以上に実現されることになった。この点を，88年から95年における「タイプ別出荷数量構成比の推移」（表3-12）で確認しよう。ラガーは88年の37％から95年の29％に，同様に，レギュラー生は25％から13％に，ドライは33％から23％に減少している。黒・スタウトと外国ブランドはほぼ一定の状態であり，麦芽100％とその他生が増大している。消費者の嗜好が多様化していることが明らかである。

　「ビールそれ自体」の差別化や「舌の贅沢化」の現象が生じたのは，ビール産業がガリバー型寡占状態にあって，価格の面では競争が行われてこなかったけれども，非価格の面では競争が行われてきたからであるし，また企業家精神がそれなりに発揮されてきたからでもある。80年代後半に展開された味の差別化が更にすすんで，すべての企業が色々なタイプのビールを品揃え（多品種品揃え）することが一般化するようにでもなれば，且つ味の標準化が

表 3-12　タイプ別出荷数量構成比の推移

(単位；%)

年	1988	1989	1990	1995	1998
ベーシックラガー	37.0	37.2	36.0	28.8	48.5
レギュラー生	25.3	24.1	22.3	13.3	—
ドライ	33.3	29.8	24.4	23.0	38.4
麦芽100%	2.5	4.8	4.4	5.9	6.8
その他生	—	3.3	12.0	26.9	—
黒・スタウト	0.3	0.2	0.2	0.3	0.7
外国ブランド	0.7	0.6	0.8	0.6	0.4
新製品	0.9	—	—	0.6	0.3

注；1988〜90年は国産のみ。95年は国産と輸入（オリオンを除く）。89年のその他生には新製品を含む。98年におけるベーシックラガー，レギュラー生及びその他生の合計が48.5％。新製品はライトタイプ0.1％とその他0.2％の合計。
資料；『月報』1990年6月号以降から作成。

すすむようなことにでもなれば，製品差別化の意義は希薄化してしまうかもしれない。自動車産業におけるフル・ライン政策やモデルチェンジ政策は米国で発達し，日本のメーカーはそれを模倣することになった。耐久消費財である自動車の場合には，色々な所得階層と好みに応ずるように——自動車を所有し使用することでその人のステータスや好みを顕示できるように——高級車から大衆車までの品揃えがなされるのであるが，非耐久消費財であるビールの場合には，一回購入すると数年間購入しなくてもよいという性質のものではないし，また金持ちでも学生でも同じ価格のものを飲むという性格——どのビールを飲むかということでその人のステータスを自動車ほどに顕示することはほとんどできない性格——からして，そのようなことは殆どできない。ビール産業におけるフル・ライン政策は，容量の違いによって値段が違うこと，ビールのタイプの違い——「ビールそれ自体」の味，香り，色の違い——によって品揃えが違うこと，さらに消費者の多様化した嗜好を満たすこと等を反映している。ビール産業においてはただ多品種品揃えというだけ

表3-13　タイプ別・会社別シェア

(単位；%)

タイプ	ベーシックラガー			レギュラー生			ドライ			麦芽100%			黒・スタウト			外国ブランド		
年	88	90	95	88	90	95	88	90	95	88	90	95	88	90	95	88	90	95
キリン	94	97	99	22	22	1	26	7	－	28	7	9	86	33	16	21	12	48
アサヒ	1	－	－	14	8	－	50	88	100	3	1	－	－	32	64	17	28	32
サッポロ	5	3	1	45	55	99	14	3	－	25	14	23	14	35	18	－	－	6
サントリー	－	－	－	16	11	－	10	2	－	44	78	68	－	－	2	62	60	14

注；－は皆無。88年，90年のレギュラー生は，オリオン分3%，4%を含んで100%である。

資料；『月報』1990年6月号以降から作成。

での差別化政策ではその意義は希薄化するであろう。各社はそれぞれ特色のある高品質のビールを醸造することが最も大切なことになる。その上で，各社各様の差別化を推進すべきである。[23]既に記述したことであるが，89年後半以降においても各社の製品差別化（多様化）はすすむ一方で，得意分野への集中現象，つまりキリンはラガー，アサヒはドライ，サッポロはレギュラー生，サントリーは麦芽100%へと，一種のすみわけ的な製品戦略行動が読み取れるようになっている。ところが，95年頃から，後に説明する「新しい動き」（第4章）が起こることになるのである。更に，将来の製品差別化政策は，89年頃に既に新しい芽が多少出ていたのである。たとえば，直営飲食店やミニ・ブルワリーを備えたビアホールの経営[24]あるいはそのアメニティ[25]であろう。「ビールそれ自体」を飲料する行為は瞬間的なものに過ぎないから，多様化し個性化した消費者の飲料行為に「高級感要素」を付加するために，あるいは飲料行為によってブランド志向やファッション志向が満たされないわけではないが，さらにそれに「はく」を付けるためには，「粋」な雰囲気の所で，きれいな器でおいしいビールが飲めなければならないであろう[26]。

製品差別化は，消費者が差別化された製品によって上流気取り，自己顕示欲及びそれを所有（あるいは飲食）することから得られる自己満足感等を得

る限りでは社会的に非難されるべきものではないであろう。消費者が差別化された製品に飽きてくれば，あるいは衒示的消費価値を認めなくなれば，自然にその価値は失われていくであろう。

　製品差別化は，生産者側の製品政策だけからその価値が生まれるのではなく，消費者の選好や消費（使用）行為や社会的地位と合致してその価値が生まれるのである。換言すれば，高価であるという要素と美しいという要素，あるいはおいしいという要素と消費者の地位や嗜好や消費行為とが合致した時に，差別化の価値は最もよく発揮されるであろう。ただし，高価であるという要素と美しいという要素あるいは高貴であるという要素は分離しうる。たとえば，高級車といわれるベンツやBMWを運転して高速道路の路側帯を疾走するようでは，「車それ自体」はステイタス・シンボルであるかもしれないが，ドライバーの品位は何ら車に反映されない。いわんや，学生が高級車を乗りまわすようでは「車それ自体」ステイタス・シンボルにもならないであろう。ただ高所得者が所有する高価格車でしかなく，ステイタスが低く且つ品位の良くない人間による単なる誇示でしかないであろう。換言すれば，高貴でもなく，また品位も良くないから，それをカムフラージュして，上流気取りをするために高価な差別化された商品を買い求めているとも言えそうである。

　80年代後半のバブル期に，日本人の多くが中流階級意識を持っていることに加えて，円高や株価の上昇による資産効果あるいは地価騰貴でマイホームの購入を諦めざるをえなかったこと等を反映してか，高価格車（必ずしも高級車ではない。一般的に高級車といわれているもの）がよく売れた。このような現象は，実際に所有する資産と中流階級意識の程度が実質的に「中流階級」に相応するかそれ以下であっても，中流階級意識に支えられて，みずからを差別化するために「必要」（社会的な生存に必要なもの）を犠牲にしてまでも「欲求」（必要を超えるもの）を満たそうとすることから，あるいは自己満足に陶酔しようとすることから生じたのではなかろうか。[27]

話を本題に戻すとして，ビール産業（広くは酒類産業）における製品差別化政策は，それとの関係で是正されなければならない課題（89年12月現在で，2001年現在では多少変わっている）を抱えている。

その一つは，缶とミニ樽容器の回収の問題である。びんには，ワンウエイのものもあるが，従来からの大・中・小のびんはリターナブルであるから，資源の効率的な再利用という面から今後も維持されるべきことである。しかし，缶・ミニ樽の回収はメーカーや小売店によって殆ど行われていない。それゆえ，メーカー自身が缶化率を高める状況を作り出しているのであるから，メーカーあるいは業界がまず最初に容器を回収して再利用することを真剣に考えるべきである。もちろん，便利で，きれいな容器に入ったおいしいビール（酒類）を飲むことができるようになったのは，技術進歩＝企業の製品開発努力のお陰である。このことは食文化を豊かにしてくれることであるから，結構なことである。その一方で，資源として再利用できる容器をゴミとして捨てていたのでは，決して文化水準の高い企業あるいは国であるとは言えないであろう。便利性だけを追求するのではなく，不便性を承知の上で再利用できるもの（ここでは，缶・ミニ樽）は，再利用するのが人の務めであるだろうから，おいしいビールをきれいな容器で提供してくれる企業も，あるいはそれを求める消費者も，ともに，容器類の回収・再利用に努めるべきである。

もう一つは，わが国においては酒類の広告宣伝がテレビ，ラジオ，新聞，雑誌等で野放しに近い状態にあることである[28]。85年現在で，広告を全面的に禁止している国が数ヵ国あり，法律で禁止されてはいないがテレビでは広告を放映しない国――フランスはビール，ワイン，蒸留酒。イギリスは蒸留酒――もある。酒類の広告は，世界的に，規制される方向に進んでいるのであるから，酒類メーカーやマスメディア――関係者は文化を創造し，育成していると自認されているだろう――は，自主的に規制する方向に向かって行動することが賢明である。文化志向型企業だとか，文化育成に貢献する企業だ

とかいって自己宣伝するのであれば，なおさら自主的に，酒類の広告の面においても積極的に貢献するべきであろう。

1) 石山順也『アサヒビールの挑戦』JMA，1987 年，106 頁。
   エキス分として，炭水化物，タンパク質，アミノ酸，ホップ苦味質，ポリフェノール，有機酸，金属等が含まれている。香りは，酵母がつくる香りや麦芽やホップからくる香りなどがある。苦味の主役はイソフムロンである。鏡勇吉，小若雅弘，山本耕二『ビールの花　ホップ』日本工業新聞社，1985 年，42，72 頁参照。
2) 鏡，他，同書，85～87 頁。
3) 鶴蒔靖夫『アサヒ VS サッポロ』IN 通信社，1988 年，131～132 頁にいわく。——アサヒの新製品開発自体が「味の違い」を重視し，消費者の"通"の意識に働きかけようとしたものであったことも着目していい。「見せかけだけの違い」に飽きてきた消費者はそれに飛びつく形となったのである。
4) キリンは 79 年 4 月に「15 l 樽生」を京浜・阪神地区で発売した。81 年 5 月にミニ樽入り生ビール「ビヤ樽」，83 年 3 月に「ビヤ樽」（1.2 l，1,720 円）を発売した。
   中田重光『キリンビールの変身』ダイヤモンド社，1988 年，62～63 頁にキリンが生ビールを売り出した理由についての記述がある。——当社としましても，先発他社より 10 年以上後になりましたが，消費者の方がそれほどまでにおっしゃるならということ（消費者が"生"というものを家庭や旅先でなんとか楽しめないかということ…著者）で，"びんに詰めた生"や"缶生"を発売しはじめたのです。
5) 造りたてのおいしいビールをできるだけ早く消費者の手元に届けるという基本理念の下に実施される。キリンは 74 年 6 月に「出荷カードによる小売店配達日明示制度」（フレッシュローテーション・システム）のテストを実施している。麒麟麦酒株式会社社史編纂委員会編『麒麟麦酒の歴史　続戦後編』1985 年，135 頁。
6) 稲垣真美『日本のビール』中央公論社，1978 年，208～209 頁。
7) 『日本経済新聞』1980 年 12 月 5 日。『朝日新聞』1983 年 11 月 16 日。
8) 総理府広報室編『日本人の酒とたばこ』1989 年参照。
9) 「1418 年には，ビールはエールより安いものとして価格表にのっていました。このことは，古今を問わず，ビールはエールよりも品質的に劣ったものと思われていたことを示しています。飲み物と健康の関係についての著作の中で，アンドリュー・バードは，大麦のモルト，水，そしてイーストから作られたエールを"ナチュラル・ドリンク"と呼び，逆にモルト，ホップ，水から作られたビールのほうは肥満人間を作り，腹痛や結石で悩む人々を死に至らしめるものだとしています。」マドレーヌ・P・コズマン著，加藤恭子，平野加代子訳『中世の饗宴』原書房，1985 年，125～126 頁。
10) 「NEXT ONE」を発売するに至ったのは，日本で最も古い麦芽 100 ％の「ヱビスビール」の売上が昭和 55 年当たりから高くなってきたため，消費者が中身の多様化を望

んでいることがわかったためだ。鶴蒔靖夫『アサヒVSサッポロ』57頁。
11) ライトビールは、キリンによって80年4月に業界で最初に「キリンライトビール」のブランド名で売り出された。これは、85年にデザイン、商品名（キリンビールライト）、中身を変更されて発売された（3品種、ともにラガー）。これに対して、サントリーは、84年に「ペンギンズ・バー」（3品種）を売り出した。85年に同・小びん1品種を追加。サッポロは、85年に「NEXT ONE」（2品種）の発売開始。86年に同・500ml缶1品種を追加販売。アサヒは、85年にアルコール分3.5％、カロリー約30％カットのライトビール「ラスタ・マイルド」を発売した。これで、85年に4社のライトビールが出揃った。
12) F. マッフルプ著、服部正博訳『売手競争の経済学』千倉書房、1965年、168～173頁参照。
13) 西ドイツでは「純粋令」が、85年現在においても守られていたから、同国へ輸出するには麦芽100％タイプのビールでなければならなかった。
14) 清酒の小売価格が83年春に、焼酎、ビール、ウィスキーが同年秋に、原材料費、人件費及びマージンの改善によるコストアップで、84年5月に増税で値上げされた。83年の値上げ前と84年5月の値上げ後を比較すると、清酒（1級1.8l）は13％、焼酎（甲類25度1.8l）は10％、ビール（大びん）は17％、ウィスキー（特級760ml）は14％上昇した。焼酎が他の酒類と比べて絶対的に割安であるためと、消費者の嗜好が変化してきたこと（戦後世代はどちらかというと比較的軽くて爽やかな酒質のものを好むようである）のために、焼酎が他の酒類、特に清酒市場を侵食した。
15) 日本酒造組合中央会（約2,600社の酒造メーカーが加盟）の調べによると「生酒」や「生貯蔵酒」など「生」を売りものにした日本酒は81年から売り出された。同中央会の自主基準によると、普通の清酒は出荷されるまで2回加熱処理されるのに対し、「生酒」とは一度も熱処理を加えない清酒のこと、と定義されている。ところが、1回だけ加熱処理した清酒も「生貯蔵酒」（びん詰めの段階で加熱処理）や「生詰め酒」（貯蔵中に加熱処理）と「生」の字を使って売っている。そして、同中央会理事は「生貯蔵酒などの"生"というのは一種のネーミングであり、企業の経営戦略の問題だ」といわれている。このようなやり方は企業戦略の問題で、それを止めろといわれる筋合いはない、と主張されるのも企業の論理であろう。たとえば、単なる水に「水酒」とネーミングして販売しても一向に問題ないという論理であるから、消費者の論理からすれば、このように「白を黒と言いくるめる」やり方をするメーカーの品は一切買わなければ宜しいということになる。そのためには、消費者はもっと賢くならなければならない。『日本経済新聞』1984年3月12日。
　昔、英国には賢い人がいた。ピープス（Samuel Pepys）氏は、ロンドン市長就任祝宴で、「酒が出て、他の連中は飲んだけれど、私はただヒポクラス（hippocras…著者）を少し飲んだだけだ。これはで誓い（禁酒の誓い…著者）を破ったことにはならない。ヒポクラスは、現在わたしの判断し得る限りでは、まぜ合わせて作った飲料にすぎず、

酒ではないからだ。…」臼田昭『ピープス氏の秘められた日記』岩波新書，1982年，41頁。

16) 下渡敏治氏は，清酒の市場集中を助長する製品差別化に二つの方向——「無形の差別化」と「物理的な差別化」——があるとしている。そして需要成長期（45～75年）には前者が集中促進に大きな役割を果たしし，需要後期（76～85年）には後者がその役割を果たしたと。日本大学農獣医学部食品経済学科編『現代の食品産業』農林統計協会，1989年，52頁。

17) 一級酒クラスにおける高付加価値商品は「本醸造酒」——普通清酒よりもアルコール使用をやや少なく，原料米使用をやや多くした清酒——で，これは主として「本醸造協会」などの中小メーカーが発売していたが，88年3月から菊正宗が同社の一級酒全てを本醸造酒に切り替えた。

18) 清酒と焼酎に関して次のものを参照した。『月報』1987年2月号，2～7頁，1988年9月号，8～11頁，1989年8月号，38～43頁。

19) アルコール発酵の度合いを高め，アルコール分を一般より0.5%高い5%にした。その分，糖度は低下して辛口になっている。『日本経済新聞』1987年3月6日。

20) 各社によるライセンス生産の状況——86年と87年の生産実績については『月報』1988年6月号，4頁を参照されたい。輸入ビール課税移出数量は，80年は11,729 kl（国産・輸入酒合計に占める割合は0.25%。以下同じ），85年は9,491 kl（0.19%），90年は89,027 kl（1.34%），95年は225,728 kl（3.24%），97年は126,266 kl（1.85%）である。バブル期と価格破壊期に増加した。日刊経済通信社『酒類食品統計年報』1986年版52, 104頁，1992年版，60～61頁，1998年版，45頁。

21) 『日本経済新聞』1988年2月3日，2月13日，2月20日。サントリーは「はちみつレモン」（商品名）に「商標，缶の絵柄などが似すぎている」として飲料メーカー7社に警告書を送ったそうだ。『日本経済新聞』1989年12月4日。

22) キリンはラガービールを中核とした「フルライン戦略」——ラガー，ドラフト，麦芽100%のドライ，ライト，その他——を打ち出した。それは，①あらゆるニーズに対応する商品，②新しい市場創造のための商品，③差別化され，明確な個性をもつ商品等を意図したものである。これに加えて，それらを定着，浸透，拡大させるために17支社，28支店がその場の原点に立って「販売地域密着型」政策を実行するという。『月報』1989年6月号，20頁，『朝日新聞』1989年1月18日。

23) このことは，ギネス社やバス社の成功によって例証されている。——両社の歴史を見れば，製品差別化と優れた品質を実現すれば，小売販路を所有しなくとも，自社の製品に対して全国的な需要を獲得することが可能である。K.H. ホウキンス，C.L. バス共著，梶原勝美訳『英国ビール産業発達史』杉山書店，1986年，157頁。

24) ビール大手4社は，83～84年にかけてビア・パブ，ビア・カフェ，ビア・ホール等を開設した。これは，多様化，個性化する消費者のライフスタイルを捉えるために新製品開発と売り方の工夫を考えなければならなくなったからであろう。『月報』

1986年6月号，22頁，1987年6月号，6頁。『日本経済新聞』1984年4月20日。
　　また，アサヒを除く大手3社は，少量のビール生産に適しており，個性的な製品を醸造することのできるミニ・ブルーワリーを88〜90年の間に既存工場内に開設した。これは，同質的な製品の大量生産・販売から多品種少量生産・販売に対応するやり方の一つである。しかし，90年代に誕生した「地ビール」メーカーの観点からすると，上記のミニ・ブルーワリーの生産量は少量の範疇に入れるにはまだ大きすぎる。
25) 英国では，ビールメーカーが所有するパブ間の競争の大部分がアメニティ競争の形態を取った。K.H. ホウキンス，他，前掲書，135〜153頁，209〜213頁参照。日本においても飲料店間の競争は，ますますアメニティ競争となるであろう。山口喜久男『西欧のアメニティ・ストリート』中央経済社，1989年参照。
26) K.H. ホウキンス，他，前掲書，148頁に「1パイントの価格は二つの要素――ビールそれ自体と飲酒を楽しむ環境――の合成物である」とある。消費者は「ビールそれ自体」が持っている本来的な使用価値に加えて，飲む行為と関わって派生するモノに価値を見出すのである。商品の本来的な使用価値と派生的な使用価値については，拙論「生産物差別化についての一考察」『徳山大学論叢』第1巻第1号，1976年12月を参照されたい。
27) 二瓶喜博『広告と市場社会』創生社，1988年，第6章以下参照。製品差別化や広告等の差別化行動についての研究は，80年代後半に従来の「消費者需要に対する個別資本の適応行動」と「個別資本による需要操作」という二局面からの展開に，「資本間競争構造と消費者主体との相互関係という枠組み」からの研究がつけ加わった。吉村純一「製品差別化行動と消費者」『福岡大学大学院論集』第21巻第1号，1989年8月。
28) 伊達四郎『サントリー魔術商法の崩壊』青年書館，1985年，第1章参照。信谷和彦「酒類の統制と販売に対する政府の対応」『月報』1986年12月号，65頁以下参照。

第4章

90年代におけるビール産業の新展開
―― 市場行動(その2)――

第4章　90年代におけるビール産業の新展開

　酒類産業に89（平成1）年以降大きな変化が生じている。その源は，酒税法改正，大規模小売店舗法の緩和，独占禁止法の適用強化などである。これを背景に酒 Discount Store（以下 DS）の全国的な簇生とスーパーマーケットなどの大型量販店における酒類販売（国産ビールと輸入ビール）の広がりなどで価格破壊現象が生じ，これを契機に節税と低価格酒向けに発泡酒が開発され，さらに規制緩和で地ビール醸造所が誕生したことなどである。

　ところで，酒類免許基準緩和，一般酒販店に対する免許基準の簡素化及び明確化など，大型店舗の出店規制緩和及び独禁法改正による課徴金引上げなどが実施されることになったのは，日米構造協議によってである[1]。これによって，日本の経済・社会システムは生産者重視から消費者重視に向かって多少変化することになった。酒類産業についていうならば，酒税法改正（89年4月及び94年），自由価格宣言（90年10月）及びバブル経済崩壊後の価格破壊現象が，従来の酒販業界の体制を多少変える契機となったのである。

1. 規制緩和と価格破壊

(1) 規制緩和と酒 DS の出現

　89年は酒類ディスカウンター元年といわれるが，この DS が酒販（ビール）業界で増加した背景には次のようなものがある。38（昭和13）年に成立した酒税法の存在，ビール製造業は4社ないし5社からなる寡占体制（メーカー希望小売価格を暗黙的に強制する体制）が形成されていること，メーカー各社は専売特約店制（実質的な排他的販売契約制──キリンの特約店は原則としてキリンの製品以外は取り扱わない──）という日本独自の企業系列や独特な商習慣を構築していること，などである。

さらに一般的には，わが国の流通機構は海外企業や輸入品の参入にとって閉鎖的であるばかりか，わが国の消費者にとっても世界的に高い物価を課することになっている。それゆえ，円高が進行しても内外価格差（2000年11月時点における東京と欧米主要五都市における商品・サービスの価格差は2年連続で拡大。東京の物価水準はニューヨークの1.22倍，ロンドンの1.21倍，パリの1.60倍である）が縮小することはないので（価格メカニズムが作用しないので），消費者は円高メリットを充分に享受することが出来ない状況におかれていた。これらの問題は，日本の経済社会に根差す構造的な要因によるものではないかとして，国際的に協議の対象となり，協議の末改善されることになった。つまり，公正取引委員会は，91年7月11日，「独占禁止法の流通・取引慣行に関するガイドライン」を発表・即日実施した。独禁法上原則として違法になるものとして，①共同ボイコット，②不当な相互〈互恵〉取引，③株式の取得・所有と競争阻害，④再販売価格維持，⑤非価格制限，⑥リベート供与，⑦小売業者による優越的地位の乱用，⑧総代理店契約，を示した。今回独禁法が見直しされたことはそれなりに有意義であるが，問題は「ガイドライン」の解釈が公取委の裁量に委ねられていることである[2]。

わが国の流通機構が国際的協議の対象になり，多少改善される方向に進んだということは何を意味するか。日本の官僚は省益の擁護又は縄張りの確保以外には決して自ら行動することはなく，行動する時は外圧がかかった時──黒船の来航時──だけであるということである。自国民＝消費者の意見・要望は無視されてきた（あるいはないがしろにされてきた）のである。消費者に向かって胡麻を擂っても益するものは何も得られないが，業者に向かって胡麻を擂れば何かが得られるからであろう。メーカー希望小売価格を維持し，業界の既得権益を守ろうとするビール業界の体制を，中西将夫氏は「生販三層体制」[3]といわれているが，私はメーカー，卸業者，小売業者に国税庁を加えて「官製販四層体制」（消費者を無視して税収と利益の確保に努めた旧体制）と呼びたい。酒DSが誕生し増加した根本的な原因には，消費者を

完全に無視してきた「官製販四層体制」が存在していたことによるであろう。

　ビール産業の場合，革新的な企業の出現や構造的要因を緩和する施策の実施によって酒DSが増加することになった。つまり89年4月の酒税法改正——国税庁は同年6月に「酒類販売免許運営要領」の通達を，そしてこれを改正する通達「酒類販売業等取扱いの一部改正」を93年7月に出している。後者の狙いは酒DSのこれ以上の展開に歯止めを掛けることであった。また，大蔵省と国税庁は臨時行政改革推進審議会，ECからの輸入品の促進要求及び日米構造協議を受けて，酒類販売免許制度の許可基準を大幅に緩和する一方，全酒類における従価税を廃止し海外からの参入障壁の一つになっていた税率を引下げた[4]——によって参入障壁が緩和されたこと，大店舗法改正で大型店舗で酒類が広範に販売できるようになったこと，独禁法の適用強化で競争促進政策が積極的に展開されることになったこと，及び「流通系列化そのもの」[5]——流通系列は「企業統合」から発生する「内部不経済」を避ける一方で，外部の企業と密接な関係を持って「取引コスト」を節約するための中間組織の一つである——から増加することになった。

　流通系列体制——ビール産業の場合メーカー，卸・小売業者から構成されている「生販三層体制」——が形成されると，必ずそこには「旨味」＝独占利潤が存在する。メーカーはこの体制（これは大量生産－大量押込み－大量販売の体制である）を維持するために販売店に高マージン・高リベートを保証する。他方販売店側はメーカーに大量仕入れや販売目標の達成などで貢献することでリベートを要求する。それを狙おうとする非体制側の革新的な企業，ないしはそれを狙える機会（上記の規制緩和など）が与えられるとたちまち目ざとい企業が現れる。

　「生販三層体制」のもとでの「安売りの構造」は次のように考えられる。2000年冬場における1ケース(350 ml 缶×24本)のメーカー希望小売価格は5,232円で，その出荷価格（生産者販売価格）は3,780円である。民間調査会社「チラシレポート」による2000年11月の全国約2,700の酒DSのチラシによる

と，サントリー「モルツ」の平均価格は 3,712 円である[6]。仕入れ価格を割込んでいるように考えられるが，様々な名目でメーカーや卸が提供するリベートを値引きの原資に当てることができるので，決して仕入れ価格を割込んではいないのである。たとえば，1 缶当たり 10 円のリベートが得られると仮定し，その半分を値引きの原資に当てるものとする。小売価格は 3,660 円である。当小売店が 1 万ケース販売すると仮定すると，120 万円の利益が得られることになる。旧体制のもとで，仕入れ価格とほぼ同じ水準の価格で小売りしても（もちろん大量販売しなければならない），いくらかの利益が得られることに気づき，それを得ることを実行する勇気のある（あった）企業が酒 DS である。

　酒 DS の誕生とその増加（87 年 98 社，91 年末 400 〜 500 店，92 年秋 800 〜 900 店，94 年半ば約 1,200 店）は[7]，いわば「正常取引」＝メーカー希望小売価格（独占価格）を維持し，且つ「生販三層の利益」＝酒税法で保護された既得権益を守ろうとするビール業界に風穴を空けようとして行動した企業家精神旺盛な企業家達の出現によるところが大きいと考えられる。酒 DS の増加は，国税庁及び公取委になにほどかの危機意識を感じさせることになった。そこで，92 年 6 月末に国税庁は「公正な酒類取引の確保等について」において，①自由かつ公正な競争の確保，②公正な商習慣の確保と酒類の取引状況の実態調査等，③公正競争規約の遵守，④不公正な取引方法の未然防止，を通達し，他方，公取委は「化粧品及び医薬品小売業におけるおとり廉売問題への対応について」において示した原価の解釈——総販売原価＝仕入価格＋販売経費＋一般管理費——を酒類にも適用することを通達することになった[8]。このような「官」の行動とは別に，酒 DS の誕生とその増加に大きな契機を与えることになったのは，上記のことに加えて，90 年 10 月にビール 4 社が，日米構造協議を背景に商慣習の改善に取り組んでいた公正取引委員会の強い要請にもとづいて「全国の特約店などに対しメーカーが販売店の価格決定を拘束しないこと」「同時に新聞紙上で消費者に希望小売価格があくまでも参

考価格である旨⁹⁾」を明らかにしたことなどである。つまり小売店は「ビールの販売価格を自由に決定することが出来る」のだということが公表されたのである。このことは，メーカーが卸や小売りの基準価格を設定する建値制を廃止し，流通段階におけるマージン設定の仕方までもメーカーが仕切る従来の取引慣行を全面的に改めるということを意味することになる。

　小売業者がビールに価格を自由につけることができるということ———一般的には，競争市場においては商人が自分の取り扱う商品に価格を自由につけるものだと考えられている———になると，酒DSは「官製販四層体制」に何ら遠慮することなく，自分の商才で適切な価格を設定することが出来る。この酒DSを側面から支援したのは，国際化の時代で且つ円高の時代を迎えて，海外旅行を経験して日本の酒類が海外のそれと比べていかに高いか，また外国（欧州諸国）にはいかに多くの酒類あるいはブランドが存在するかなどのたくさんの情報を持ち，更に飲酒経験の豊かな消費者であった。消費者にとっては，品質（味と香り）が同じであるならば，値段が安いにこしたことはない。酒DSがメーカー希望小売価格より安い値段で販売することは，当然消費者にとっては利益になる。ところが，酒DSの出現は社会にとって何らの利益をもたらさないと主張する人がいる。『酒類食品統計月報』（95年2月号）に「これでいいのか，酒類の価格破壊」という投稿が掲載されている。匿名希望ということで肩書・氏名は略されている。しかし，この人は酒類メーカーの幹部だそうである。そのような立場の偉い人が匿名希望とは情けない。匿名氏いわく。「利益の消費者還元という美名のもとで，薄利多売をねらうDSが出現し，業界の安定的発展を願う行政指導にも耳を貸さない確信犯が出てきたのである」（30頁）と。業界全体で高利多売でもって消費者を搾取していたからこそDSが出現したのであって，DSが確信犯ではない。むしろ確信犯は氏名さえ明らかにされない既存業界の人々であろう。別のところで，氏いわく。「……致酔性飲料という特性から発生する社会的コストを軽視し，一般商品と同様に，安く，大量かつ手軽に販売すればよいという

酒類販売の在り方は，国民の健康や安全にとって問題が多い……」(31頁)と。ほぼ同感である。ところで，大手3社は何百億円という広告宣伝費(94年741億円)と販売奨励金及び手数料(同，973億円)——両者の合計額は経常利益(同，1,313億円)を超える——を使って，ビール(等)を大量生産−大量押込み−大量販売していること，また，屋外に自動販売機(約14万台)を設置してビールをはじめとする酒類を手軽に販売していたこと——中央酒類審議会の未成年者の飲酒防止のため自動販売機を撤廃すべしという中間報告(94年10月)を受けて，全国小売酒販組合中央会はその撤廃を決定した(同年12月)——，この点について匿名氏はどのように考えられるのか(あるいは考えられていたのか)。

「生販三層の利益」「正常取引」の業界秩序，つまりメーカーを頂点とし，その下に特約店制度という商慣習を軸に小売店を組織して「独占利潤」を得ている寡占体制を乱す元凶として徹底的に指弾を受けてきたのは酒DSである。その中でも，サリ(76年設立)が93年11月，カウボーイ(73年設立)が94年5月，やまや(70年設立)が94年9月に，それぞれ，店頭登録された。守旧派にとって酒DSは異端者であったが，消費者＝大衆にとっては正統派であった。株式市場で公認され，市場を通じて資金を調達することが認められたのである。この3社の売上高と利益の推移は表4-1に示すとおりである。

　95年に入ると，規制緩和の結果，DSが乱立し，価格競争が一段と激しくなった。価格破壊をリードしてきた総合DS(代表 Mr Max)ですら，総合スーパー(大手3社イトーヨーカー堂，ジャスコ，ダイエー)，ドラッグストア(サンドラッグ)，家電量販店(ラオックス)などの低価格攻勢で，収益力が97，98年頃から衰え始めることになる。酒DSの場合には，93〜95年において売上高及び経常利益の前年増加率は二桁台，且つ売上高経常利益率は3.5%以上，売上高利益率は1.7%以上であった。ところが，96〜98年において売上高及び経常利益の前年増加率は一桁台，且つ売上高経常利益率は2%前後，売上高利益率にいたっては−0.2〜−1.4%である。

表4-1 酒ＤＳの売上高, 経常利益及び利益の推移

(単位；百万円, ％)

年		サリ	カウボーイ	やまや	計	前年度増減率
93	売上高 (a)	17,633	17,997	15,174	50,804	—
	経常利益 (b)	521	892	651	2,064	—
	利益 (c)	215	492	313	1,020	—
	b/a	3	5	4.3	4.1	
	c/a	1.2	2.7	2.1	2	
94	売上高 (a)	18,838	25,082	20,659	64,579	27.1
	経常利益 (b)	601	972	701	2,274	10.2
	利益 (c)	320	545	324	1,189	16.6
	b/a	3.2	3.9	3.4	3.5	
	c/a	1.7	2.2	1.6	1.8	
95	売上高 (a)	20,872	29,884	25,222	75,978	17.7
	経常利益 (b)	748	1,295	751	2,794	22.9
	利益 (c)	381	558	326	1,265	6.4
	b/a	3.6	4.3	3	3.7	
	c/a	1.8	1.9	1.3	1.7	
96	売上高 (a)	25,731	30,511	27,177	83,419	9.8
	経常利益 (b)	1,148	163	1,000	2,311	−17.3
	利益 (c)	150	−1,147	423	−574	—
	b/a	4.5	0.5	3.7	2.8	
	c/a	0.6	−3.8	1.6	−0.7	
97	売上高 (a)	28,158	37,043	31,488	96,689	15.9
	経常利益 (b)	217	1,592	211	2,020	−12.6
	利益 (c)	−1,173	1,023	1	−149	74
	b/a	0.8	4.3	0.7	2.1	
	c/a	−4.2	2.8	0	−0.2	
98	売上高 (a)	24,720	39,283	39,372	103,375	6.9
	経常利益 (b)	273	1,261	304	1,838	−9
	利益 (c)	−2,058	550	67	−1,441	−867.1
	b/a	1.1	3.2	0.8	1.8	
	c/a	−8.3	1.4	0.2	−1.4	
99	売上高 (a)	23,055	41,297	44,919	109,271	5.7
	経常利益 (b)	158	1,431	1,000	2,589	40.9
	利益 (c)	156	534	371	1,061	—
	b/a	0.7	3.5	2.2	2.4	
	c/a	0.7	1.3	0.8	1	
00	売上高 (a)	23,728	41,758	44,947	110,433	1.1
	経常利益 (b)	−286	1,529	602	1,845	−28.7
	利益 (c)	410	501	193	1,104	4.1
	b/a	−1.2	3.7	1.3	1.7	
	c/a	1.7	1.2	0.4	1	

注；カウボーイは9月決算，他は3月決算。
資料；『日経会社情報』，『会社四季報』から作成。

酒DSもなにほどかの利益を上げることが出来なくては企業として存続することは出来ない。ただ単に価格破壊の流行現象として酒DSが誕生し，そして消滅していくようでは，酒DSとは一体なんであったのかということに

なる。酒 DS は価格破壊をリードして，価格水準をそれなりに低下させた。その低い価格水準の状態の下で，消費者の愛顧を得るべく価値ある良質の商品を提供する経営努力（価格競争に対抗すると同時に非価格競争面における強化に知恵を使うこと，たとえば酒類の品揃え，陳列の仕方，商品管理，店の雰囲気，接待の仕方など）をして生き残ろうとする企業こそ真の企業家精神豊かな企業であるだろう。

(2) 価格破壊

ビール価格は，60 年当時は基準販売価格，61 ～ 63 年は商慣習として建値であったが，64 年 6 月に大蔵省が「酒類の基準価格廃止」を告示，同時に国税庁が価格問題には原則不介入，正常取引には側面協力，業界の独占禁止法違反行為には注意，という通達を出したことで，販売店は価格を自由に決めることが出来るようになった。それにもかかわらず，ビール業界はこの規制解除にまったく目を向けてこなかったのである。この業界では，メーカーを頂点とする特約店制度という商習慣を軸とするタテ型の流通システムが組織されて，メーカー希望小売価格を維持する装置が強力に働くようになっていた。だから，卸・小売業者の頭の中にはメーカー希望小売価格以外の価格で販売しようなどという考えは微塵も無かったのである。90 年 10 月 25 日の『日本経済新聞』いわく。「ビールはメーカーの価格支配力が強い商品で，値下げ販売をしようとする酒販店にたいしては出荷停止などを含め様々な圧力によって希望小売価格の維持を図っている」と。酒 DS は内外価格差と自由価格制——公正取引委員会の強い要請に基づき，メーカー 4 社は 90 年 10 月「全国の特約店などにたいしメーカーが販売店の価格決定を拘束しないこと」を伝えた——に目を付けて既存の業界秩序＝「生販三層体制」を破壊し始めたのである。

まずはじめに，輸入ビールと国産ビールの内外価格差を示すと次のとおりである（表 4-2 参照）。ビール輸入数量は 88 年の 5.1 万 kl から 94 年の 32.4

表 4-2　ビール輸入通関数量の推移

(大蔵省貿易統計)

年	数量 (kl)	金額 (百万円)	価格平均 (円/l)
1988	51,016	7,221	141.5
1989	67,640	9,743	144.0
1990	94,438	14,313	151.6
1991	103,186	14,852	143.9
1992	117,932	16,205	137.4
1993	116,710	14,928	127.9
1994	323,847	30,218	93.3
1995	273,571	23,704	86.6
1996	186,655	17,865	95.7
1997	132,236	13,294	100.5
1998	81,177	8,651	106.6
1999	21,938	2,286	104.2

注；99年は1～5月である。
資料；『月報』1994年8月号，57頁，1999年7月号，27頁。

万klへと6.3倍も増加し，その平均単価(1l当たり)は88年の141.5円から94年の93.3円に34％も低下している(350 ml換算で49.5円から32.6円への低下)。他方，国産ビールのメーカー希望小売価格は350 ml缶で88年当時215円，94年5月1日以前220円，以後225円(増税)であるから，この間に2.3～4.7％値上がりしている。内外価格差(価格メカニズムが有効に機能していないことの証)が存在していることは明白である。このような状況に目を付けて利を得る機会をすばやく察知する企業家＝「経済システムの中で，価格差に敏感に気づく優れた能力を開発していく」人物が現れるのは当然のことである(理論的には，独占的利潤が，新規企業の参入によって消滅あるいは減少して，競争市場におけると同じ水準になる[10])。内外価格差は酒DSの出現によってある程度縮小することになった。また，海外からの安いビールに替わるべき商品が開発されることになった。94年以降，ビール輸入数量は縮小に向かい，平均単価は下げしぶる情況となった。

更に，酒類の低価格化の進行を促進した要因の一つに販売業態別の勢力図が変化したこと（変化しつつあること。正確には量販型小売店が酒類を販売することができるようになったこと）にある。一般酒販店と業務用酒販店の地位が低下傾向を示す一方で，コンビニエンスストア（CVS），酒DS，スーパーマーケットなどの量販型小売店の地位が上昇傾向を示していることである。このような動向の中で，酒DSの「価格破壊」行動を全国規模で承認ないしは支援することになったのは総合スーパーなどによるビール価格の値下げであった。

ビールの問題を説明する前に，総合スーパーによる価格攻勢の一例（表4-3）を示すことにしよう。1ℓパックのオレンジジュースの価格は，91年には森永乳業，雪印乳業及びキリンビバレッジのNBは320円で同一であった。92年から価格が低下しはじめ，94年には220〜260円になった（19〜31％低下）。他方，92年に販売されたダイエーとジャスコのPBは，188円と238円である。94年には158〜178円に16〜25％低下した。それでも，NBとPBの価格差は30％前後もある。スーパーや生協などの量販店が繰り広げた凄まじい値下げ競争がNBの価格を低下させることになったと考えてよい。そ

表4-3　オレンジジュースの価格競争

(単位；円/1ℓパック)

年	ナショナルブランド（NB）			プライベートブランド（PB）		
	森永乳業	雪印乳業	キリンビバレッジ	ダイエー	西友	ジャスコ
1990	320	320				
1991	320	320	320			
1992	290	290	300	188		238
1993	220	250	260	168	218	198
1994	220	250	260	158	168	178

注；NBは希望小売価格，年末値，94年は10月末。
資料；『日本経済新聞』1994年11月5日。

して，量販店の行動が，ひいては「川上部門」の原料コスト削減にも影響を及ぼすほどになったのである。

ビール業界では64年以降90年まで，価格は値上げに値上げを繰り返してきた。たとえば，76年増税，78年増税，80年値上げ，81年増税，83年値上げ，84年増税，90年値上げ，その結果，価格は大びん180円から310円へ72%アップした。ここにあるのは「官製販四層体制」による税収と利益の確保の姿勢だけである。このような業界の姿勢を，中西氏は怒りを込めて「増税だ，コストアップだと簡単に値上げが出来る，こんな都合の良い業界が他にあるだろうか?」[11]と問われている。これと同類の業界がある。それは，第一次石油ショック以降の鉄鋼業界で，需給関係を無視した上での値上げ，原材料・燃料・労賃等のコスト高を理由にした値上げ，さらに将来のコストアップを先取りした値上げを強行した。[12]

このような「官製販四層体制」による安易な価格値上げの姿勢に対抗して，ダイエーは，94年5月1日からの酒税引上げを目前にした4月14日から，日本酒を除く酒類を1〜7%値下げした。たとえば，国産ビール350ml缶213円（メーカー希望小売価格220円，増税後225円）を198円，500ml缶276円（同じく，285円，295円）を258円に値下げし，増税後もこの価格を維持した。[13]

92年に入ると，景気後退が明確になった（酒類消費額の対前年度増減率は，92年0.9%，93年−0.1%，94年0.1%，95年−3.0%，96年−1.7%，97年−0.5%である）。このような情勢の中で，消費者の嗜好はますます多様化し（たとえば，低アルコール化の志向や多様な輸入ビールの受入れ），また酒DSやスーパーマーケット等の打ち出す低価格商品を受け入れるようになった。

ダイエーは，上記した国産ビールの値下げに先立って，直輸入ビール「バーゲンブロー」（350ml缶，価格128円。93年12月発売）を売り出した。[14]94年はビール消費額及び出荷量が史上最高を記録した。この年は記録的な猛暑の年であったから，当然「バーゲンブロー」もよく売れた。当初の年間販売

目標（12〜11月は7万ケース。1c/s は350 ml × 24本換算）を100万ケースに上方に修正し，さらに94年夏現在で販売はこの目標の2倍のペースで推移した。ところが，95年になるとビール市場は急激に縮小に向かってしまった。そこで，ダイエーは95年2月23日から3月25日にかけて「100円見切り処分セール」をグループ227店舗で実施した。このキャンペーン開始時における在庫は400万ケースで，キャンペーンで250万ケースを販売したそうである。

　ここで，問題が生じた。全国小売酒販組合中央会はダイエーの安売りを「不当廉売」ではないかと公正取引委員会に申出たのである[15]。この問題は独占禁止法と関わる事柄で，企業の市場行動が公正なものであるのか，不公正なものであるのかということに繋がる問題である。不公正な行動であるならば，これは社会的に許せないことになる。したがって，ここで，酒DS等の設定する価格が不当廉売にあたるか否かについて論及しておくことにする[16]。独禁法の目的は「公正且つ自由競争を促進し，事業者の創意を発揮させ，事業活動を盛んに」（第1条）することである。そしてこの目的を達成するために「私的独占」（第3条前段），「不当な取引制限」（第3条後段），「不公正な取引方法」（第19条）を禁止している。この不公正な取引方法にあたる行為類型を定めた「不公正な取引方法」6項において，不当廉売について「正当な理由がないのに商品又は役務をその供給に要する費用を著しく下回る対価で継続して供給し，その他不当に商品又は役務を低い対価で供給し，他の事業者の事業活動を困難にさせるおそれがあること」と定めている。この規定で「商品をその供給に要する費用を著しく下回る対価」とは，小売業においては「実質的な仕入れ価格」（当該商品についての値引き，リベート，現品添付等を考慮した仕入れ価格）である。また「継続して」とは，相当期間にわたって繰返し廉売を行うことである。要するに，不当廉売とは，実質的な仕入れ価格より著しく低い価格で，相当長い期間にわたって繰り返し販売することである。このような見解から，ダイエーが約1ヵ月間にわたって実施した「100

円見切り処分セール」は不当廉売ではないといえる。

　話を元に戻すことにする。ダイエーだけでなく，多くの業者──たとえば，国分，小網，高島屋商事，野崎産業，明治屋などが有力な輸入ブランド品取扱い会社 ── が安いビールを輸入したので，大なり小なり過剰在庫を抱えることになった。他方，価格破壊が全国的な規模で広がっていくことで，酒DSの異端的行為が正統的行為になった。この時代的変化に対処できないあるいは安売り競争についていけないで価格競争に敗れた酒類卸業者（全酒類卸とビール卸で93年度1,776社，94年度917社）及び酒類小売業者（94年度92,436店）の経営悪化という「おまけ」（市場経済における自然な結果）をもたらすことになった。森山誠一氏によると「経常利益500万円以下の企業と欠損企業の合計，つまり低収益の限界企業が，93～94年度に66～67％に達している。……酒類卸売業者の過半数は自然消滅する恐れがあるといっても過言ではあるまい」ということ，また「欠損企業と税引前利益50万円未満の実質的赤字の小売業者が著増し，93年度はついに34.7％になってしまった」ということである。三分の一の企業が欠損企業であって，それが「自然消滅する恐れがある」といっても実際にはそうはならない。市場経済体制を大前提にして，私企業は営まれている。その私企業が何期にもわたって赤字を出すようならば，市場から排除されるのは当然のことである。問題は市場から排除されるべき企業が排除されない点にある。赤字企業といっても，赤字になるように決算書が作られていることもあるし，赤字企業だからといって，信用金庫や信用組合等の金融機関がただちに融資を打ち切るようなことはしないであろうから，市場から退出する企業は限定的となるであろう。この点はこれまでとして，経営悪化のため，たとえば，京都のアサヒ系特約店，㈱浅井本店と㈱西京酒販が合併して京都酒類流通㈱を96年9月に設立した。また菱食が，96年冬に，埼玉酒販（サッポロ，アサヒ系の問屋）へ資本参加することになった。また，97年4月からの消費税率引上げを契機に，サッポロは「安売りの結果，価格表示は無意味になった」ということからメーカー

希望小売価格の表示を廃止することにした。

このような出来事が起こったのは，94年が記録的な猛暑の年であったという季節的要因にもよるが，この背景にはビールの価格・税金が高いこと，大きな内外価格差の存在すること，つまり「官製販四層体制」による消費者の搾取と海外の美味しいビールを色々飲みたいという消費者の欲望があったことなどであろう。基本的には，消費者は安くて美味しいビール（広くは酒類）を飲みたいのである。大手ビールメーカーは90年代後半に生産効率の良くない工場を閉鎖する行動（たとえば，サッポロの九州工場）をとってはいるが，基本的にはビールの製造コストや販売費及び一般管理費を削減することによって「安いビール」を消費者に提供するという方策を採らないで，超低価格ビールに替わる「麦芽発泡酒」を市場に投入する商品戦略を取ることになるのである。その一因は，寡占体制下の企業はコスト増は殆ど全てを価格に転嫁して消費者を搾取する体質を備えているからである。とりわけ，ビールメーカーは一番搾りだ，生搾りだといって消費者を搾取して，高率の利益を稼ぐのがうまいのである。

1) 85年の先進五ヵ国蔵相会議におけるプラザ合意後の大幅な為替レートの変化（東京外為市場，銀行間直物，85年終値200.60円，89年同143.40円）にもかかわらず，米国の対日経常収支の改善が一向に進まないのは，日本に構造的な障壁があるからだとする米国政府の見解を受けて，89年9月，日米構造協議が開催された。平和経済計画会議・経済白書委員会編『国民の経済白書』1990年版，日本評論社，122〜134頁参照。
2) 『日本経済新聞』1991年7月12日。77（昭和52）年の独禁法改正では，企業集中そのものを問題にし，株式の所有制限などの「構造規制」に踏み込んだ。今回においては法改正が行われたのはカルテル行為への課徴金引上げだけで，あとは違法かどうかの認定基準を示す「ガイドライン」にすべてをゆだねたのである。
3) 中西将夫『酒ディスカウンター』同文館，1995年（5版，92年初版），34〜42頁。
4) 日刊経済通信社『酒類食品統計月報』（以下，月報）1993年10月号，51頁。同，1994年8月号，52頁。87年にGATTが焼酎とウィスキーの税額格差を縮小するよう勧告していた。それが実施されることになったのは96年11月に世界貿易機関WTOにおいて，わが国の蒸留酒に関わる課税制度に関する報告が採択されたことによる。

税額格差の縮小は97年10月から段階的に実施されて，2001年10月1日，焼酎とウィスキーの税額は「アルコール分1度，1キロリットル」当たり248,100円となる。『日本経済新聞』1996年12月17日。98年3月に，政府は閣議で決定した規制緩和3ヵ年計画に沿って，「距離基準」を2000年9月1日に廃止することにした。ところが，2000年8月30日に2001年1月1日まで延期することを決定した。また「人口基準」は毎年段階的に緩和して2003年9月に全廃することになっている。

5）　独禁法研究会の報告書「流通系列化に関する独占禁止法上の取扱い」(1980年3月)は，流通系列化の主要な手段である再販売価格維持行為，専売店制，テリトリー制，1店1帳合制，店会制，リベート，委託販売制などが不公正な取引方法との関連で問題を生み易いと指摘している。

　　流通系列化については，田口冬樹『現代流通論』白桃書房，1991年，261～269頁参照。

6）　『日経流通新聞』2000年12月14日。

7）　『月報』1997年9月号，20頁。『月報』1992年12月号，34～35頁，1994年8月号，52～53頁。

8）　『月報』1992年12月号，35頁。

9）　『日本経済新聞』1990年10月25日。味の素は，95年4月1日，加工食品の全商品についてメーカー希望小売価格を廃止した。『日本経済新聞』1995年3月16日。

10）　I.M. カーズナ著，田島義博監訳『カーズナ　競争と企業家精神』千倉書房，1985年，30頁。池本正純『企業とはなにか』有斐閣，1984年参照。産業組織論では，「コンテスタブル市場」論と関わる問題である。長岡貞男，平尾由紀子『産業組織論の経済学』日本評論社，1998年，第6章参照。

11）　中西氏は93年7月の「酒DS」封じ込めを主眼とした国税庁長官「通達」に関連して，ビール業界の体質を批判している。『月報』1994年8月号，54頁参照。中西氏の上記「通達」に関する論文「酒ディスカウンターと『通達』改正」は『月報』1993年10月号，49～60頁に掲載されている。また，『月報』1997年9月号には，同氏論文「酒DSの現状と今後」が掲載されている。中西将夫，前掲書，176頁参照。

12）　拙論「鉄鋼業におけるプライス・リーダーシップ」『専修大学社会科学研究所月報』No. 228, 1982年8月。

13）　ダイエーが値下げに踏み切った理由は，次のごときものである。①2010年までに物価を半額にするという，ダイエーのPR宣言に重みを持たせる必要性。②酒税法改正以降，酒DSが急速に拡大した。これへの対策を講ずる必要性。③低価格を標榜するスーパーがなぜビールを定価販売するのか，という消費者の疑問に答える必要性。④規制緩和が進み，売場面積1万㎡ごとに自動的に販売免許が与えられるようになったこと。そして国税庁にあまり気を使わなくてもすむ時代になったこと。『月報』1994年8月号，51頁。

14）　『月報』1994年8月号，60頁で超低価格輸入ビールの価格を1箱（350 ml × 24本

換算）当たり 4.2 ドルと試算している。買い付け価格（CIF）を 1 箱当たり 4.2 ドルと推定し，1 ドル 105 円とすると 1 箱 441.0 円。これに関税 54.53 円，通関費用 36 円，酒税 1,891.44 円，消費税 72.69 円，さらにマージン 360 円を加えた合計 2,855.66 円。1 缶当たり 118.99 円となる。これが仕切り価格となる。

15) 『月報』1994 年 8 月号，60 頁，1995 年 8 月号，80 頁参照。酒 DS が，公取委に独禁法違反（不当廉売の禁止）の疑いで厳重警告された例がある。DS「スーパーフレック」（千葉市）は釧路市で 93 年 4 月中旬までの約半年間にわたり缶ビールを原価を下回る価格——350 ml 缶（24 本入り）を総販売原価を著しく下回る価格（3,687 〜 3,914 円）——で販売し，周辺の小売業に影響を与えたとして警告された。『日本経済新聞』1994 年 2 月 19 日。

16) 山田昭雄・他編著『流通・取引慣行に関する独占禁止法ガイドライン』商事法務研究会，1991 年，132 〜 134 頁。

　公正取引委員会が，99 年度に不当廉売につながるおそれがあるとして注意を行ったものは，酒類 339 件，石油製品 185 件，家電製品 18 件，その他 57 件である。主要な事例は，酒類のディスカウンターによるビールの販売，給油所によるガソリン等の販売等に関するものである。『独占禁止白書』1999 年版，292 頁。

17) 森山誠一「自然消滅の危機に直面する酒類卸売業」『月報』1995 年 7 月号，9 頁，同「荒波に揺れる酒類小売業，生き残りの道はあるか」『月報』1995 年 12 月号，25 頁。

2. 発泡酒の開発——ビール対発泡酒——

　これまで日本人に馴染みの無かった麦芽発泡酒が，低価格輸入ビールの増勢が続く状況の中で，節税対策と低価格ビール対策という形で 94 年秋に市場に現れた。ビールは麦芽の使用割合が 67％以上であるが，麦芽発泡酒は 67％未満である。ただし，麦芽の使用割合が 67％以上であっても，スパイス，ハーブ，フルーツ，ベジタブルなどを入れたビールは発泡酒扱いとなる。発泡酒の最低醸造量は年間 6 kl で，その 1 l 当たり酒税額は，麦芽の使用割合 67％以上のものでは 222 円（ビールと同じ），25％以上 67％未満のものでは 152 円 70 銭，25％未満のものでは 83 円 30 銭である。したがって，麦芽の使用割合 25％以上 67％未満の発泡酒を商品化すれば，1 l 当たり酒税はビール

と比べて69円30銭（350 mlでは24円30銭）軽減することが出来る。ここに，酒税法上の「抜け穴」があったのである。

この点に目を付けたサントリーは，94年10月に麦芽使用割合65％の発泡酒「ホップス」——生とドライ（95年5月発売）。350 ml缶180円，500 ml缶250円——を発売した。94年秋における国産ビール価格は，350 ml缶でメーカー希望小売価格は225円，ダイエーのそれは213円，またダイエーの輸入ビール「バーゲンブロー」（350 ml缶）は128円であったから，「ホップス」の価格はダイエーの二つの商品の中間になる。つづいて，サッポロが，95年4月に麦芽使用割合25％未満の「ドラフティー」——350 ml缶160円，500 ml缶210円——を発売した。これは，麦芽割合が25％未満のものであるから，「ホップス」以上に節税的な商品である。

このほかに，輸入業者である重松貿易（4品種。95年の年間販売目標260万箱），日本ビール（1品種。同，200万箱），日本酒類販売（1品種。同，100万箱），国分（2品種。同，50万箱），やまや（1品種。同，15万箱），小網（1品種。同，10万箱）などが，95年2月から6月にかけて輸入発泡酒の販売を始めた（販売価格は，355 ml缶で100〜180円）。[1]

国産発泡酒が消費者の嗜好や好みに適合したのか——消費者が低カロリーで，健康志向的で，軽い飲み口（特に女性）のビールあるいはビールの代替品を求める傾向が強くなっている状況がある——，その販売が順調に伸びた。発泡酒は，発売以降実質1年間で国産ビール総出荷量（ビールと発泡酒の合計）の2.8％を占め，2年目の96年は3.8％，3年目の97年は5.6％（97年1月〜10月で5.8％）を占めることになった。[2]発泡酒の発売増加に目を付けた国税庁は，96年10月から発泡酒の増税を実施した。この増税は，麦芽使用割合の線引きを見直すとともに，麦芽使用割合25％未満のものの税額を引上げる，というものである。これによって，麦芽割合50％以上は，ビールと同じく，1l当たり222円，25％以上50％未満は152円70銭，25％未満は105円となった。

表 4-4 会社別ビアテイスト出荷数量及びシェアの推移

(単位；1,000 kl)

年 会社		1994 数量	1994 シェア	1995 数量	1995 シェア	1996 数量	1996 シェア	1997 数量	1997 シェア
キリン	ビール	3,485	48.6	3,267	48.2	3,133	45.9	2,803	42
	発泡酒	—	—	—	—	—	—	—	—
	計	3,485	48.6	3,267	46.9	3,133	44.1	2,803	39.5
アサヒ	ビール	1,883	26.2	1,866	27.5	2,100	30.8	2,325	34.8
	発泡酒	—	—	—	—	—	—	—	—
	計	1,883	26.2	1,866	26.8	2,100	29.6	2,325	32.8
サッポロ	ビール	1,320	18.4	1,204	18	1,183	17.3	1,136	17
	発泡酒	—	—	90	48	143	53	157	37.9
	計	1,320	18.4	1,294	18.6	1,326	18.7	1,293	18.2
サントリー	ビール	422	5.9	377	5.6	348	5.1	354	5.3
	発泡酒	—	—	98	52	128	47	256	61.6
	計	422	5.9	475	6.8	476	6.7	610	8.6
オリオン	ビール	65	0.9	62	0.9	63	0.9	61	0.9
	発泡酒	—	—	—	—	—	—	2	0.5
	計	65	0.9	62	0.9	63	0.9	63	0.9
合計	ビール	7,175	100	6,776	100	6,827	100	6,680	100
	発泡酒	—	—	188	100	271	100	415	100
	計	7,175	100	6,965	100	7,099	100	7,095	100

年 会社		1998 数量	1998 シェア	1999 数量	1999 シェア	2000 数量	2000 シェア	増減率 00/95
キリン	ビール	2,328	37.8	2,053	35.7	1,889	34.1	−42
	発泡酒	511	52.7	750	55.1	838	53.5	—
	計	2,839	39.8	2,802	39.4	2,728	38.4	−17
アサヒ	ビール	2,456	39.9	2,514	43.8	2,520	45.6	35
	発泡酒	—	—	—	—	—	—	—
	計	2,456	34.5	2,514	35.4	2,520	35.5	35
サッポロ	ビール	983	16	839	14.6	790	14.3	−34
	発泡酒	164	17	239	17.5	274	17.5	20.3
	計	1,147	16.1	1,078	15.2	1,064	15	−18
サントリー	ビール	329	5.4	289	5	282	5.1	−25
	発泡酒	289	29.9	366	26.9	448	28.5	357
	計	618	8.7	655	9.2	730	10.3	54
オリオン	ビール	58	0.9	53	0.9	50	0.9	−20
	発泡酒	4	0.4	6	0.5	7	0.5	—
	計	62	0.9	59	0.8	57	0.8	−8
合計	ビール	6,154	100	5,748	100	5,532	100	−18
	発泡酒	969	100	1,361	100	1,568	100	733
	計	7,122	100	7,108	100	7,100	100	2

注；ビールは国産ビールと輸入ビールの合計。95年の発泡酒は推定値。2000年の統計はそれ以前のものとは多少違う。

資料；『月報』1995年6月号〜2001年1月号から作成。

増税実施により,「ホップス」は350 ml 当たり24.255円,「ドラフティー」は同じく7.595円増税となる。この増税に対する対策として,サントリーは新商品「スーパーホップス」——350 ml 缶150円。これは,苦みが口に残らないスッキリした味わいが特徴。「スーパードライ」と同じ傾向の商品群に属し,価格の安さをアピールしながら味のトレンドに乗る戦略である[3]——を96年5月下旬に発売した。他方,サッポロは「ドラフティー」の価格を15円引下げて,サントリーに対処すると同時に同年6月に「ドラフティーブラック」(黒生。145円)を新たに投入した(オリオンは発泡酒「アロマトーン」——350ml 缶,140円——を97年6月に発売した)。2社の発泡酒出荷量は,95年18.8万kl,96年27.1万kl(対前年比44.2%増),97年41.5万kl(同じく52.8%増)と伸びて,97年には国産ビール,輸入ビール及び発泡酒の合計(これを「ビアテイスト」という)に占める割合は5.8%になった。

ビール市場でシェアを落としているキリン——97年には「アサヒスーパードライ」は「キリンラガー」を抜きトップブランドになった——は,97年9月に発泡酒市場に参入することを発表し,98年2月に「麒麟淡麗〈生〉」——サッポロは同年1月に「ドラフティースペシャル」,同年10月に「芳醇生ブロイ」を投入した——を発売した。キリンが発泡酒市場に参入したことで,この市場規模は97年の41.5万klから2000年の156.8万klに一気に3.8倍弱(95年比では8.3倍強)も拡大した。その結果,ビアテイスト市場に占める発泡酒のシェアは2000年には22.1%になった(表4-4)。

ビール出荷量が史上最高を記録した94年以降,ビアテイスト市場は,ほぼ710万kl前後の規模で落ち着いている。まさしく市場は飽和の状態にある。ビール市場が縮小する(95年比で2000年には18%縮小)一方で,発泡酒市場が猛烈な勢いで拡大している(同じく,733%拡大)。この急激な市場拡大は,ビールよりも安いこと,この安さが個人消費が低迷する中で大きな魅力になっていること,味が徐々に改善されてきてビールと遜色の無いものになってきたことなどによるであろう。また,この急激な需要の変化の中で,

キリンはビール分野でシェアを落としているので，その分を発泡酒でカバーする戦略をとってきた。つまり，キリンは98年12月に発表した事業計画で，低カロリービール「ラガースペシャルライト」(99年1月中旬発売)，「一番搾り」，「麒麟淡麗〈生〉」の「マルチブランド戦略」──89年に「ラガービール」中心の戦略からフル・ライン戦略に転換している──で消費者を幅広く取り込む戦略を打ち出したのである。これに対して，アサヒは87年から主力ビール「スーパードライ」の販売に特化し，そのシェアを伸ばしつづけてきて，98年にキリンから首位の座を奪取した。アサヒがビール分野でトップの座に就いたとはいえ，その市場が縮小・低迷している情勢の下では「スーパードライ」の伸びが期待できなくなりつつあるので安閑としてはおれないであろう。「スーパードライ」に対する需要が伸びてきたということは，多くの消費者の好みが辛口タイプに向かっていることを意味しているので，これに逆らわないで商売をすることが懸命であることになる。サントリーは99年6月「スーパーホップス　マグナムドライ」(辛口〈生〉)を発売した。味のコンセプトで「スーパードライ」を意識する一方で，低価格を売物にする戦略を採用したのである。また，サッポロは2000年4月に発泡酒の新製品「冷製辛口・生」を発売した。これは，飲みやすい辛口タイプ──糖分が残らないように発酵度を高めた製法と氷点下での貯蔵法を組み合わせて，飲み口を辛口にしたもの)──である。他方，発泡酒に対する需要も急速に伸びているので，遂にアサヒも，2001年2月21日，「本生」(350ml缶，145円)を携えて発泡酒市場に参入することになった。味に多少の違いはあるかもしれないが，価格は他社と同一である(市販価格は138円前後)。大手メーカーの発泡酒に，地ビール醸造所の発泡酒が加われば，消費者の選択幅はさらに広がることになるであろう。

　キリン及びアサヒが発泡酒市場に参入して以降，この市場は急速に拡大している。97年の41.5万kl（ビアテイスト出荷量の5.8％）から2000年の156.8万kl（同，22.1％）へ3.8倍弱も市場は拡大した。キリンが発泡酒市場

に参入した98年に，ビール分野でキリンはアサヒに抜かれて，それ以降アサヒとの格差は広がっている（キリンとアサヒのシェアは，それぞれ，97年42.0％，34.8％，98年32.7％，34.5％，99年35.7％，43.7％，2000年34.1％，45.6％）。ただし，ビアテイスト分野では，まだキリンの方がシェアが上位であるが，2001年前期には両者は全く互角の状態になっているのである。

　メーカー間の競争は，これまでに説明したように，ビール分野と発泡酒分野で激しく展開されている。メーカー主導による需要の変化ということも考えられるが，最終的には「消費者の選好」によって需要構造は変化するものである。消費者の好みは，大雑把に，「喉越し派」（刺激感やスッキリした切れを求める人々）と「味わい派」（ホップの苦みや強い香りを好む人々）に分かれる。夏場はスッキリした飲みやすい薄味が好まれるが，秋から冬にかけては芳醇な香りや味の強いものが好まれる。また，消費者の好みは，ビール，発泡酒，ワイン，チューハイなどに多様化している。これに，健康志向的，本物志向的，低価格志向的な消費行動が加わると，消費者の選択幅は大きく広がりを持つことになる。メーカー・販売店の側はこれらの新しい消費者行動に対処するために総合的な酒類の製造・販売会社に変身することを考えなければならないであろう（あるいは既に一部は変身しつつあると考えられる）。

1）『月報』1995年6月号，92〜94頁。
2）『月報』1996年6月号，17〜19頁，1997年12月号，26〜27頁。
3）『日本経済新聞』1996年5月8日。
4）『日本経済新聞』1998年12月4日。
5）『日本経済新聞』1999年5月21日，9月5日。2000年4月19日。

3. 地ビールの誕生と成長

　いわゆる「地ビール」（小規模醸造所，Micro Brewery）は，細川政権が93年に一連の規制緩和の目玉として，「小規模にビールを醸造することに道を開く」という方針を発表したことを受けて，大蔵省が94年4月1日に酒税法を改正・公布し，ビールの最低製造数量を年間2,000klから年間60kl（大びん換算で約9.5万本。1年300日営業するとして，1日の売上本数は約316本）に引下げたことで，誕生することになった。酒税法改正前においては，ビールの最低製造数量は年間2,000kl（大びん換算で315万本強）であったから，実質的には小資本ではビール製造業に参入することは不可能であった。参入障壁が相当小さくなったとはいえ，地方あるいは地域の限定された市場を前提にして年間60klのビールを販売することは大変な販売努力をしなければならないことである。たとえば，大都市にある大手ビアホールのライオン新宿センタービル店の年間販売量は71kl（94年）である。それゆえに，もっと小資本で，且つそれほど多数の売上を想定しなくてもよいように最低製造数量を年間6〜10kl——ウィスキーやワインは6kl——に下げるべきであろう。

　上記の規制緩和政策を受けて，94年6月末にビール製造の内免許がオホーツクビール株式会社（ブランド名「オホーツクビール」，北見市）と株式会社エチゴビール（ブランド名「エチゴビール」，新潟県巻町）に交布され，同年12月に本免許が交布された。そして「エチゴビール」は95年2月に，「オホーツクビール」は同年3月に販売されることになった。この2社・2銘柄を先駆として，95年11月までに13銘柄——株式会社アレフ（「小樽ビール」，小樽市），ホッピービバレッジ株式会社（「赤坂地ビール」，東京都），株式会社御殿場高原ビール（「御殿場高原ビール」，御殿場市），大和葡萄酒（「甲斐ドラフトビール」，山梨県勝沼町），農事組合法人伊賀の里（「モクモク地ビール」，

第 4 章　90 年代におけるビール産業の新展開　135

伊賀市），黄桜酒造株式会社（「黄桜麦酒酒蔵仕込み」，京都市），壽酒造株式会社（「大阪國乃長ビール」，高槻市），ヤマトブルワリー株式会社（「倭王ビール」，大和高田市），白雪ブルワリービレッジ長寿蔵（「白雪ビール」，伊丹市），株式会社三田屋（「地ビール三田屋」，西宮市），宮下酒造合名会社（「独歩ビール」，岡山市），梅錦山川株式会社（「梅錦ビール」，川之江市），ゆふいんビール株式会社（「ゆふいんビール」，大分県湯布院町）——が，それぞれの地域で販売されることになった。ところで，これら醸造所の製造規模はどれほどの大きさかというと，96 年春頃営業している 21 の醸造所のうちで最大のものはキリン京都ビアパークの年間醸造量 2,000 kl，第二位は御殿場高原ビールと宮下酒造の 800 kl である。他の醸造所規模は 80 〜 180 kl で，1 回の仕込み量は 1 kl 程度である。ビール製造の最低量が年間 60 kl となって参入が容易になったこと，地ビールの物珍しさが一過性のブームを起こしたことで，酒造会社や外食産業の参入が目立つこと，及び地域振興を狙って地元経済界が共同出資したり，第三セクター方式で開業することなどで，製造許可申請件数は，94 年度 6 件，97 年度 104 件，98 年度 43 件と，97 年度までは増勢をたどった（国税庁調査による醸造所数は，95 年 12 月末 20 ヵ所，96 年 12 月末 75 ヵ所，97 年 3 月末 103 ヵ所）。メーカー数は，95 年 10 月で 15 社，96 年 5 月で 39 社，96 年 9 月で 56 社，99 年 3 月現在で 250 社近くになったようである。

　96 年 9 月末時点の日経産業消費研究所調査によると，96 年 7 〜 8 月の需要期における 1 社当たり 1 日平均販売量は 624.8 l（大びん換算で 987 本）であった。販売価格は 1 l 平均 1,490 円（大手ビール会社の生ジョッキの約 1.4 倍，びん詰めの約 3.7 倍）であった。そして，各社が計画している年間総生産量は約 9,000 kl，各社平均は約 165 kl である。なかでも，御殿場高原ビールが 900 kl，東日本沢内総合開発が 700 kl で飛びぬけていた。

　98 年になると地ビールブームは一巡して，醸造所の営業方法が地元向けの少量生産＝地元密着型のものと，広域向け（地元と大都市向けあるいは全国

向け)の大量生産＝広域展開型のものに二極化し始めた。今日の消費者はただ価格が安いだけで買物をするわけではない。価格は買物をする時の重要な要素であるが，品質(味・香りなど及び直飲所のアメニティ)も然りである。大手メーカーのビールに無い何かを求めて買物をする消費者層が存在すると考えてよい。また，人間は一度おいしいものを食べるなり飲むなりするとそれよりもまずいものを口にしなくなる性癖を持っている。つまり，贅沢化した舌はまずいものを寄せつけなくなる性向がある。これを「舌の贅沢化」あるいは「舌の下方硬直化」ということにする。小規模醸造であると，後で示すように，コストが高くつくであろうということ，地域の消費者を対象とする場合は市場規模も限定されるということ，これらのことを前提に高価格・高品質・少量販売を維持する戦略をとる(高度に差別化された製品を販売することに自己努力する)業者と，これに対してこの戦略を容認して繰返し店に足を運ぶ「舌の贅沢化」した飲兵衛とが一体となった地ビールが地元密着型といってよいであろう。他方，小規模醸造と大規模醸造(既存の大手メーカーによる醸造)の中間に一定の市場が形成できると予測して(あるいは需要が予想以上に拡大する場合には規模を拡大する腹積もりで)，地ビール市場に参入した業者は，全県あるいはもっと広い地域の消費者をターゲットにすることになり，出来立てのビール(酵母の生きている活性の生ビール)あるいは発泡酒をジョッキ販売することと，びん詰めや樽詰めで販売することを考えなければならないであろう。地元の飲兵衛を贔屓筋としてしっかりと掴むと同時に大手メーカーのビール(生ビールとはいえ酵母が取り除かれ，濾過され品質の安定した無個性のもの)とはどこか違う商品を販売する。このような地ビールが広域展開型といってよいであろう。

　とにかく，地ビールの価格は大手メーカーのそれと比べて2～2.5倍と高いのが現状である。たとえば，「エチゴビール」の場合，240 ml，400円で，この内訳は原料費約6銭，税金約55円(製造原価の27.5％)，設備の原価償却費約25円(同，12.5％)，人件費・光熱費など合わせた製造原価が約200円(同，

50%)である。

　この数値で明らかなことは、税金の割合が高いことである。元々アルコール分を含む商品に課税することに合理的な根拠は存在しないのであるから、酒類への課税は廃止すべきである。多少妥協するとすれば、年生産量100kl以下の地ビールに対しては無税にしてマイクロブルワリーを育成することである。また、アルコール分に課税することを基本とするならば、全ての酒類（せいぜい、発酵酒、蒸留酒及び合成酒の区分の下に）に対してアルコール1度・1l当たりに応じて均等に課税することである。次は、減価償却費の負担が大きいことである。これは、はじめの投資金額が大きいことと減価償却期間が短いことから生じている。それぞれの地域に地ビールを根付かせるためには、もっと小資本で小規模醸造所が開業できるようにすべきである。そのためには、年間最低醸造量を6～10klに下げるべきである。そして、減価償却期間を現行の2倍くらいに長くすると、負担は相当小さくなるであろう。

　話を元に戻すと、広域展開型のものの代表は、次の5社である。

①飲茶レストランを経営する永興（厚木市。87年に厚木本社内に850klの醸造工場を建設。97年夏、年間醸造能力2,000kl）は、地ビール「サンクトガーレン」を全量外販。一般消費者には335ml缶（約290円）で、レストランや居酒屋向けには樽詰で出荷。酒類卸の小網と契約して酒販店に流す戦略を採用している。当社は、酒税法改正(94年4月)前の94年はじめから地ビールを醸造している。酒税法では「酒類とはアルコール分1度以上の飲料」となっているが、当社の地ビールは酒税法の制約を受けぬアルコール分0.75度のビールである。その後、95年12月に発泡酒（年間最低製造量6klである）の製造免許を取っている。

②ホテルを経営する星野リゾートは全額出資の子会社ヤッホー・ブルーイング（軽井沢市。年間醸造能力2,000klのプラントを97年春に完成。土地代を含む投資額は10億円弱）を設立。酒類卸、長野県酒類販売を通じて県内で販売。97年7月から上面発酵法による「よなよなエール」（350ml缶248円

／消費税別。19 l 樽 12,000 円／消費税別）を長野県と東京都で販売。順次全国展開の予定。

　③注文住宅会社の東日本ハウスは，96 年現在の計画で全国 6 ヵ所に工場を建設——投資総額約 200 億円。年間醸造能力 5,000 kl 以上——して「銀河高原ビール」を全国で販売する計画を発表した。その子会社東日本沢内総合開発㈱（岩手県沢内村。年間能力は当初 1,500 kl，97 年 1 月 3,500 kl）を通じて，96 年 4 月製造開始。高島屋と提携して全国 18 店で販売。また，全額出資の子会社銀河高原ビール（東京都。資本金 1.5 億円）は，97 年 7 月から熊本と岐阜の 2 工場（生産能力は，それぞれ，1 万 kl）を稼働させ，樽詰めビールをほぼ全国に販売及び同年秋から栃木工場（生産能力 4 万 kl）で生産開始。さらに徳島工場と北海道工場の建設を予定。99 年 4 月に「銀河高原ビール・小麦のビール」（熱処理ビールで 350 ml 缶 248 円）を全国販売した。

　④食肉加工業者の久米株式会社が展開する御殿場高原ビール株式会社（御殿場市。95 年 6 月開業。当初の醸造見込みは年間 150 kl であった。96 年夏の生産能力は 600 kl。97 年には 1,800 kl まで拡充予定）が「御殿場高原ビール」（ピルス，デュンケル，ヴァイツェン，やくぜん黒米ビール）を販売している。96 年 11 月に静岡ブルワリー（静岡市）を開店した。

　⑤宮下酒造（岡山市。当初の生産能力 300 kl。約半年後に 1,000 kl に増強）は，「独歩ビール」を 95 年 7 月から販売。96 年 6 月期の販売量 600 kl で販売高 5 億円。97 年 6 月期の販売量 650 kl で販売高 6.5 億円。当社は，はじめから量産・全国販売の戦略を採用していた。

　上記の 5 社が，99 年春頃までの広域展開型の地ビール醸造所である。これらの会社は設立当初から広域ないし全国販売を狙っていたものであるから地ビール醸造所（地方にある小規模醸造所。米国のマイクロブルワリーは年生産量 1,755 kl 以下である）というよりは，中規模の全国ビールメーカー（あるいは地方にある中規模醸造所）といった方がよいかもしれない。この規模のものであっても，ビール産業は装置産業であるから，企業を設立してあま

り時間が経過していないうちに，経営不振に陥った時，資金を引揚げて別の産業に投資することは難しいであろう。なぜならば，設備は投資額よりかなり低い額でしか転売できないか，あるいは設備の一部しか転売できないであろうから，資金を回収することのできない部分が残ることになる。この残存部分を産業組織論では「サンク・コスト」という。

　他方，地元密着型のもの（地元の小規模醸造所）は，中規模の全国ビールメーカーを除いた全ての地ビール醸造所である。その代表は，オホーツクビール㈱，㈱エチゴビール，農事組合法人伊賀の里，薩摩麦酒㈱などである。

　地ビールブームで各地にマイクロブルワリーが誕生し，多様な味のビールが販売されるようになった。大量生産される同じような味のビールに不満を抱いている消費者はそれなりに興味を示し，試し飲みをしたことであろう。それが一巡すると，消費者は選別姿勢を強めることになる。マイクロブルワリーにとっては，ブームが去った後に生き残るため，コスト引下げ，品質向上，顧客を増やすマーケティングなどに努力しなければならない。味や香りの点で，大手メーカーのものと比べて著しく劣るようであると消費者は見向きもしなくなるであろう。そこで，地元でしか飲めない個性的で独創性のあるビールを醸造すること，そのビールの品質向上と維持に努めること，魅力的なブルーパブ（直飲所）で顧客に喜ばれるサービスを提供すること等を怠るようではマイクロブルワリーは脱落するであろう。

　幸いなことに，業界全体の品質を底上げするための評価制度を確立することを狙って，約130社の地ビール業者によって「全国地ビール醸造協議会」が99年3月に設立された。当協議会は，物珍しさからのブームが引潮のようになったことを背景に，業界全体の品質を底上げすること，地ビールのPR（イベントの開催やガイドブックの発行），会員相互の情報交換などを実行するために設立されたのである。

　地元密着型のもので，地元の特産品を活かしたビールあるいは発泡酒を醸造するマイクロブルワリーの一つに，㈱共同商事——無農薬野菜の販売を手

がけている——が経営主体である小江戸ブルワリー(川越市。96年4月オープン,生産能力 1,000 kl。97年6月 2,000 kl)がある。当社は96年4月から地域特産の有機農産物(サツマイモ,リンゴ,スイカなど)をビールの副原料に使った発泡酒の醸造を開始した。そして98年6月から「小江戸蔵の街地ビール NO.1(いち)」や「サツマイモラガー」を,地域内の飲食店や酒販店ルートで売り始めた。加えて,99年5月に,発泡酒「地発泡酒 NO.2」(330 ml びん詰め 138 円)を,「リンゴラガー」や副原料に蜂蜜やハーブを用いた発泡酒を,さらには99年6月に狭山茶を使用した発泡酒を売り出した。[7]

　地ビール醸造業者は,低価格の製品や個性のある製品を開発し,地域の住民に贔屓にされるようなサービスを提供するように努めなければならないし,また従来の観光向けから地域の消費者・家庭や業務用へと販路を広げる努力もしなければならないであろう。地ビール醸造業者は,地味な経営努力をして地域に根差したコミュニィティーの一つになるよう頑張ることが生き残る道であるだろう。

1) エチゴビールの経営主体は上原酒造㈱。投資額 1.9 億円。延床面積 167 坪;マイクロブルワリー 27 坪,ブルーパブ 52 坪,作業室 35 坪,その他,ホール,倉庫など。設備;1 kl の発酵タンク 7 基,同貯酒タンク 4 基の他,3 kl の貯酒タンク 1 基。1 回当たり仕込み 1 kl。週 2〜3 回の仕込みで年間 100 kl を製造。フル回転で年間 130 kl の製造能力を有する。オホーツクビールの経営主体は地元のビール愛好家等。93年3月,資本金 9,500 万円で設立。サッポロビールと業務提携。ビール仕込み量は当初年間 100 kl,のち 140 kl に修正。㈱フード・ビジネス『フードビジネス』1995年6月号,5〜10頁。
2) AVES PLANING 編著『おいしい地ビール全国ガイド』同文書院,1996年参照。

地ビール生産量上位20企業 (97年1〜6月)			
社名(商品名)	本社地	販売開始時	生産量
①御殿場高原ビール(同)	御殿場市	95/6	430 (54.7)
②東日本沢内総合開発(銀河高原ビール)	沢内村	96/4	418 (—)
③宮下酒造(独歩ビール)	岡山市	95/7	350 (15.1)
④ホッピービバレッジ(赤坂地ビール)	港区	95/8	200 (11.1)
⑤マルカツ興産(はこだてビール)	函館市	96/12	180 (—)

第4章 90年代におけるビール産業の新展開 141

⑥浜地酒造（博多地ビール杉能舎）	福岡市	96/8	140（－）
⑦霧島高原ビール（同）	溝辺町	95/12	138（86.5）
⑧三田屋（揮八郎ビール）	西宮市	95/4	130（85.7）
⑨大和葡萄酒（甲斐ドラフトビール）	勝沼町	95/7	120（100.0）
⑩阿蘇ファームランド（阿蘇ビール）	長陽村	97/2	117（－）
⑪伊賀の里モクモク手作りファーム（モクモク地ビール）	阿山町	95/7	110（66.7）
⑫木内酒造（常陸野ネストビール）	那珂町	96/9	110（－）
⑬熊沢酒造（湘南蔵元ビール）	茅ヶ崎市	96/11	100（－）
⑭アレフ（小樽ビール）	札幌市	95/7	100（5.3）
⑮浜松アクトビールコーポレーション（浜松地ビール）	浜松市	97/3	95（－）
⑯上原酒造（エチゴビール）	巻町	95/2	92（4.5）
⑰オホーツクビール（同）	北見市	95/3	80（9.6）
⑱エムズ・コーベ（UBプレミアム）	神戸市	96/5	80（－）
⑲チャルダ（チャルダ横浜，神戸地ビール）	神戸市	96/6	80（－）
⑳新星苑（両国地ビール）	千代田区	96/9	80（－）

注；単位はkl。カッコ内は前年同期比伸び率で%。商品名が複数ある場合は 主要なもの。
資料；『日本経済新聞』1997年7月5日。

3)『日本経済新聞』1997年5月14日，1997年7月5日。
　　日本地ビール協会発行『地ビールメーカーリスト』（1997年7月）には140社と開業予定5社が収録されている。
4)『日本経済新聞』1996年10月19日。
5)『日本経済新聞』1995年11月18日。穂積忠彦著，水沢渓編著『地ビール讃歌』健友館，1998年，80～88頁参照されたい。
　　地ビールの製造全設備及び諸費用の概要――1日1kl年間100klの場合――を示すと次のようになる。
　　① 仕込み装置（独立5釜式）――仕込み釜，煮沸槽，濾過槽，ワールプール，湯釜。（併用型でない本格的な製造プラント）
　　② タンク（6本）――発酵槽，貯酒槽（3本）。カーボネーション用タンク（2本）。冷却水タンク（発酵に転用可，1本）。（各タンク独立冷却機能付）
　　③ 製造装置――プレートクーラー，コイルヒーター，リングコーン，ポンプ，攪拌機，カーボネーション用器具
　　④ ボイラー――ガスか重油

⑤　分析装置——糖分析装置
　　⑥　工事費用——電気工事，給水工事（一次電力工事別），配管工事，搬入据付，その他
　　⑦　製品製造装置——樽詰機，樽洗機，びん詰機，ビールサーバー，樽140本　等。
　　⑧　冷蔵庫——ビール樽用
　　⑨　製造技術指導
　　⑩　工場レイアウト指導
　　⑪　販売方法指導
　　⑫　免許書類作成お手伝い（内免許及び本免許）
＊建物等に合わせたオーダーメイド（国内製設備）。銅による釜の化粧張り等も可能。
　以上全プラントの納期約90日，諸費用合計5,500万円（概算，消費税別）。
　資料；寿酒造（大阪國乃長ビール），堂島麦酒醸造所（北新地ビール），酒文化研究所のパンフレット（第2回地ビール祭りで入手）。
　なお，年間100kl容量ビールプラントに必要なスペースは最低114m^2（34.5坪）である。資料；㈱エイチイーシー（HEC）『地ビール醸造プラント』パンフレット（第2回地ビール祭りで入手）。
6)　『日本経済新聞』1996年4月30日，8月31日，10月19日，11月19日。1997年2月24日，4月3日，5月22日，6月25日。1998年3月16日。1999年4月27日。
7)　『日本経済新聞』1998年6月29日。1999年5月19日，6月16日。

第5章
80～90年代における市場成果

80年代前半から半ばにかけていわゆる「容器戦争」(感性的付加価値づくりを目指した差別化政策)——サントリーが仕掛け,キリンが受けて立つ——が展開されるが,これは消費者に飽きられて自滅することになる。87年にアサヒが「スーパードライ」を投入し,新しいタイプの辛口ビール分野を開拓する。他社が一斉にこの分野に参入して「ドライ戦争」が展開されるが,終局的にはアサヒの1人勝ちで終りとなる。続いて90年になると,辛口ビールとは一味違った新しい味覚分野を形成するために,キリンが「一番搾り」,「プレミアムビール」,アサヒが「Z」,サッポロが「北海道」,「吟仕込」,サントリーが「ビア吟生」,等々の新製品を次々と投入して,いわゆる「味覚戦争」あるいは「味の多角化戦争」が展開される[1]。また,90年代前半には色々な小売分野で価格破壊現象が進む情勢の下で,ビール産業においても消費者が低価格ビールを求める性向が強まってきた。さらに,90年代後半になっても経済成長が低迷・停滞し,且つ消費者物価の下落現象が続くなかで,麦芽使用量が少なくて値段がビールよりも安い「発泡酒」が登場することになった。他方,値段はやや高いが地域に密着した顧客＝飲兵衛に期待を寄せる「地ビール醸造所」が規制緩和政策の流れの中から誕生することになった。ビール産業は80年代から90年代はじめ頃まで成長し続けてきたのであるが,90年代には成長が停滞する中で,製品は味・香りやタイプなどの面で多少は多様化することになった。

1. 製品の多様化現象

　80年代半ばから90年代末にかけて,ビール市場がおよそどのようなタイプのビール(及び発泡酒)によって満たされることになったか,表5-1と表

5-2 で説明することにしよう。80年代前半から半ばにかけて「容器戦争」が展開されたが，「ビールそれ自体」についての競争は「ラガービール」（熱処理ビール）に対抗するビールの投入・育成ということであった。つまり市場で絶対的に強くて大きなシェアを誇っている「キリンラガービール」に対して，生ビール，麦芽100％ビール，ライトビール等をぶつけることで，キリン以外の3社は自分達のシェアを維持ないし拡大することを目指したのであるが，シェアに関する限り大きな変化は起こらなかった。しかしながら，長期的にはラガービールは市場から駆逐され，生ビール（非熱処理ビール）が主体となる一方で，麦芽100％ビールやライトビールなどが一定のシェアを確保することになる萌芽が，この頃までにつくられたのである。

　大きく市場需要構造が変わるのは，アサヒが辛口ビール「スーパードライ」を投入した87年以降とキリンが発泡酒「麒麟淡麗〈生〉」を投入した98年以降である。たとえば，95年の国産課税総量は大びん換算で約5億3,041万ケース（発泡酒を除く。『月報』1996年6月号，19頁）で，キリンの「ラガー」（シェア28.6％。以下同じ）及び「一番搾り」（14.4％），アサヒの「スーパードライ」（22.9％），サッポロの「黒ラベル」（13.7％）及び「ヱビス」（1.2％），サントリーの「モルツ」（4.1％）で，これら6銘柄で全体の84.8％を占めているのである。大量生産－大量販売を前提に営業活動をしている寡占企業にとっては，大量に売れる商品（ビールは画一化され，個性的な性格がそれほど強くないもの）だけが優良商品なのである。

　99年になると，ビアテイスト市場──その出荷量は704.9万kl──は，基幹5銘柄（キリンラガー〈非熱処理ビール〉，一番搾り，黒ラベル，スーパードライ，モルツ）で74.3％のシェアを維持し，これに続くものが麦芽100％，ライトビール，外国銘柄，黒・スタウト及び濃色ビールである。さらに，基幹5銘柄に，かなり大きなシェア（19％）を保持することになった発泡酒が続いている。

　84〜86年当時と99年現在とを比較すると，熱処理ビールが姿を消して，

表 5-1 1984 ～ 86 年における新製品あるいは新タイプ製品

既存製品、新製品 新タイプ製品	会社、製品名、備考
レギュラーラガー	熱処理ビール，キリン，サッポロ，アサヒ
生ビール	非熱処理ビール，4 社
麦芽 100％ビール	4 社，86 年から製品増加
ライトビール	低アルコール・低カロリー，4 社
ライセンスビール	キリン，アサヒ，サントリー
ワイツェンビール	上面発酵酵母使用，サッポロ
雑酒・発泡酒	アサヒ，サントリー
ご当地ビール	ラベルだけ異なる
コク・キレビール	アサヒ

資料；『月報』1984 年 8 月号～ 1996 年 6 月号から作成。

表 5-2 1999 年におけるビアテイスト・タイプ別出荷量構成比

製品タイプ	備考		構成比
生ビール	(キリンラガー，一番搾り，サッポロ黒ラベル)	基幹銘柄	74.3
ドライビール	(アサヒスーパードライ)		
麦芽 100％ビール	(サントリーモルツ)		
麦芽 100％ビール	(サッポロヱビスビール)		2.0
ライトビール			0.7
黒, スタウト, 濃色タイプ			0.5
外国銘柄			0.9
その他(生)			2.5
その他			0.1
発泡酒			19.0
合計			100.0
うち 99 年新製品			7.6
季節限定			0.4
地域限定			1.2

資料；『月報』2000 年 7 月号。

生ビール，辛口ビール（生ビール），麦芽 100％ビール，ライトビール，黒・スタウトビール及び発泡酒などが一定の市場を確保することになったことが，

大きな特徴である。ただし，たとえば，90年代前半に「脱ピルスナー」系のビター，スタウトなどが投入されたのであるが，消費者に大きく受け入れられることにならなかった。つまり消費者は大量の広告宣伝でもって単純な味のビールに飼い慣らされているので別のタイプのビールをなかなか受け入れないのである。ビールのタイプが多様化したとはいえ，大量生産されるピルスナー系の主流に，ごくわずか生産される傍流が付け加わっているという状態に過ぎないのである。また，大手メーカーは大量生産－大量販売を基本にしているのであるから，少量（少量といっても年産100 kl とか200 kl ではない）しか売れない従来とは違うタイプのビールは，ごくわずかな市場を維持しているに過ぎないか，1〜2年で市場から姿を消す運命にあるか，である。なぜならば，大手メーカーが目標とするものは，大量に売れるものであって，多様化する（個人化する）消費者を，いかに「マス」にくくり直すか（集団化・集中化するか）ということに関心があるのだから。本当に少量（年産100 kl〜200 kl 以下程度）しか販売されない，大手メーカーの販売するタイプのものとは違う，高品質のビールの提供ということになると，結局は地ビール醸造所に期待せざるを得ないのである。あるいは，飲兵衛が「こだわりと本物」志向を求めるのであれば，地ビールしかないであろう。

2. 売上高及び利潤率の動向

　以下では，80年代と90年代におけるビール産業の財務状況とシェアの変化について説明することにする。

　まずはじめに，1980〜2000年においてビール産業（大手3社）の売上高が，どのような推移をたどってきたかについて説明しよう。他産業と比較した方が，多少客観性を得ることが出来るであろうから，食品産業に属する乳業（大手3社。ビール大手3社より多角化が進んでいる）と比較することにする。乳業を選んだ理由は，食品産業に属する上場企業で，売上高上位10社

表5-3 ビール産業及び乳業大手3社の売上高前年増加率の推移

(指数；80年の売上高を100とするもの)

年	ビール産業 指数	ビール産業 前年増加率	乳業 指数	乳業 前年増加率	年	ビール産業 指数	ビール産業 前年増加率	乳業 指数	乳業 前年増加率
1979	96	—	99	—	1990	196	11.2	128	4.0
1980	100	4.3	100	1.0	1991	196	0.3	133	3.9
1981	115	14.9	104	3.6	1992	204	3.9	137	3.1
1982	121	5.1	109	5.4	1993	203	−0.6	139	1.8
1983	125	3.5	112	2.2	1994	224	10.4	140	0.8
1984	133	6.6	113	1.0	1995	218	−2.7	147	4.5
1985	140	5.3	116	3.0	1996	219	0.4	146	−0.1
1986	145	3.6	115	−0.6	1997	210	−4.0	150	2.2
1987	158	8.4	114	−0.8	1998	206	−2.0	151	0.9
1988	168	6.5	119	4.1	1999	201	−2.3	152	0.8
1989	176	4.7	123	3.0	2000	197	−1.8	153	0.6

資料；『有価証券報告書総覧』から作成。

に明治乳業，雪印乳業，森永乳業が含まれていること（勿論ビール大手3社も含まれている），且つこれら3社の生産集中度が相対的に高いことからである[2]。

　一般的に，ビールは清酒，タバコ，コーヒーなどとともに嗜好品，乳製品は生活必需品といわれる。商品の社会的性格を一部反映しているのか，表5-3を見ると，1980～2000年における両産業の売上高(指数及び前年増加率)の推移は歴然と異なっている。

　ビール産業の売上高増加率は，80年代においては単純年平均で6.3％であるが，81年の大きい増加率を割引くと，5％前後の成長である（80～90年の11年間のそれは6.7％で，売上高規模は96％拡大した）。90年代においては単純年平均で1.3％であるが，94年の大きい増加率を割引くと，0％前後である（90～2000年の11年間のそれは1.2％で，売上高規模は0.5％拡大したに過ぎない）。このような増加率の推移において，売上高は92年には80年比で2

倍を超えたのである。94年の猛暑，95〜97年半ばにかけての景気回復で，94〜97年においては7%程度の成長をしたものの，それ以降になると，97年秋から98年にかけて生じた信用収縮と景気悪化あるいは日本経済全般の停滞及び低価格品のビールや発泡酒の販売増加を反映して，売上高増加率はマイナスの傾向を示している。他方，乳業の売上高増加率は80〜90年においては単純平均で2.4%，90〜2000年においては2.0%である。そして売上高規模は80年比で90年に25%拡大し，97年に50%拡大したに過ぎない。それ以降，極くわずかではあるが拡大している。乳業の成長率は，それが提供する商品の性格上，異常に小さくなることも，大きくなることもないようである。

現在ではビール産業が提供する商品価格は，国際的に見て高い水準にある

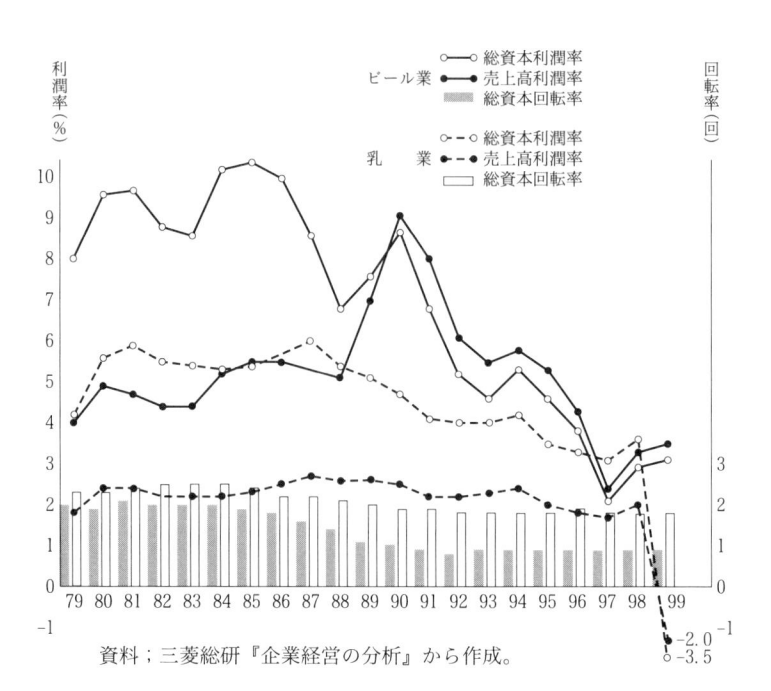

図5-1　ビール業大手3社と乳業大手3社の財務比較

資料；三菱総研『企業経営の分析』から作成。

ので，これが将来的には——経済活動はますますグローバル化するであろうから——国際的な水準に鞘寄せされる方向に動くであろう。またビール産業は成熟産業で且つ消費者の飲酒対象が将来的にはもっと多様化するであろうから，ビール産業の売上高推移は，乳業が示しているように，低成長の傾向をたどることになるであろう。

次に，図5-1を用いて，利潤率——総利潤＝（経常利益＋特別損益等＋金融費用）÷総資本×100。あるいは総利潤÷売上高×100——の動向について説明しよう。

乳業の総資本利潤率は80年代においては5～6％（あるいは5.5％前後）であり，90年代においては前半は4％強，後半は3～4％程度で，89年以降は低下傾向にある。売上高利潤率は，80～94年においては2.2～2.6％で，安定した利潤率を実現していた。95～98年においては1.7～2.0％である。利潤率は，不況期にはそれほど下方に向かって敏感ではないが，逆に好況期には明確に低下傾向を示している。好況期には消費支出が生活必需品的なものよりもそれ以外のものに向けられる性向が大きいということであろうか。更に総資本回転率——売上高÷総資本——は，80年代前半には2.3～2.5回と大きいので，資本は比較的効率よく使用されていたようである。後半には2.2～2.0回に低下，90年代には1.8～1.9回を維持している。88～92年においては売上高は伸びていたにもかかわらず，総資本利潤率は低下している。これは，総資本回転率が小さくなること，つまり総資本の過剰化によるものであると考えられる。93年以降における総資本利潤率の停滞あるいは低下は，総資本回転率がほぼ一定であることからして，売上高の増加率が小さかったことによるであろう。乳業の場合，全般的に売上高利潤率が低く，それを総資本回転率の高さ（2回前後）でカバーしようとする経営努力の下で，安定した利潤率を実現している。

他方，ビール産業の総資本利潤率の推移は，4～5年の循環を示している。79～88年においては右上方に向かって，81年と85年に「山」を形成し，し

かも利潤率は8～10.2％と高い水準である。88～97年においては右下方に向かって，90年と94年に「山」——猛暑の都市であった94年を割り引いて考えると，「山」は1回だけと考えてもよいであろう——を形成し，利潤率は前の循環における「山」の7～8％台から4.6％に低下し，後の循環における「山」の4.6～5.3％から2.1％にまで低下している。89～91年におけるバブル経済期を除外して考えると，ビール産業の利潤率は85年以降は長期的に低下傾向にあるといってよいであろう。

売上高利潤率の推移は，総資本利潤率のそれとはやや異なっている。88年までは同じ傾向を示しているといってよいであろうが，それ以降は90年に「山」を形成する1回の循環とみなした方がよさそうである。利潤率は，88年の5.1％から90年の9.1％に上昇し，97年の2.4％に下降している。このような利潤率の推移は，総資本回転率が小さくなっていることによる。そしてこれは，85年から92年にかけて生じた売上高の増加率以上に総資本の増加率が大きくなったこと，即ち総資本の拡充がなされたこと——85～92年にかけて五つのビール工場が新設，その他に製造能力の拡充がなされている——にある。また，特に90年における売上高利潤率が大きく上昇しているのは，90年に実施されたビール価格の引上げによる利潤の大幅な増加（89年の1,626億円から90年の2,348億円へ44.4％アップ）と売上高の増加（同じく，23,185億円から25,792億円へ11.2％アップ）及びこれを上回る総資本の増加（同じく，24,699億円から29,353億円へ18.8％アップ）による回転率の縮小（同じく，1.08回から0.95回へ12％ダウン）による。94年（あるいは93年）以降における利潤率低下は，総資本回転率に変化がないことからして，低価格品の発泡酒の販売や売上高増加率の縮小によると考えられる。

乳業とビール産業の大きな相違点は，総資本回転率が85～92年において，前者の回転率は84年の2.5回から92年の1.8回になっているのに対して，後者のそれは，同じく2回から0.8回になっていることである。ビール産業にとって，過去に蓄積された過剰資本の処理と飲酒人口の頭打ちの下での売上

高減少にいかに対処するかということが，93, 94年以降の課題となった。過剰資本の処理は，99年頃から工場を一部閉鎖する一方で，生産機能を集約化することで生産性の向上を図る生産拠点の再編がすすめられている。また，売上高減少に対しては，総合酒類メーカーを目指す方向が志向されている。

3. 利益率の動向

1980～2000年における乳業の売上高経常利益率の推移（図5-2）で，注目すべき点は，80年代前半における1.5％前後の水準がバブル経済期に2.2～2.5％に高まっていること，そして92年以降はほぼ2.0％前後の水準を維持していることである。また，売上高当期純利益率は20年間にわたって0.5～

図5-2 乳業の財務指標

資料；『有価証券報告書総覧』から作成。

図5-3 ビール産業の財務指標

資料；図5-2と同じ。

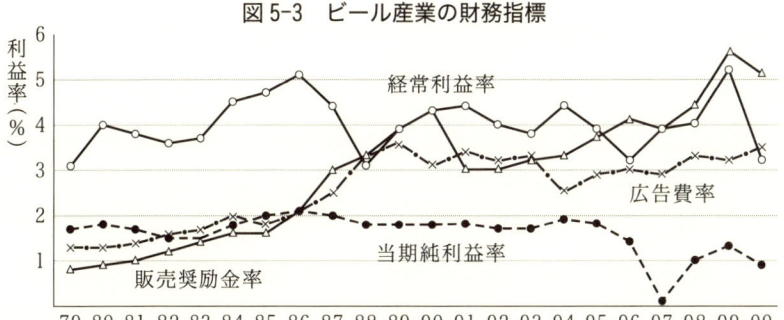

0.8％の水準を維持していることである。商品の性質上需要に大きな変動がないゆえに，極めて安定した利益率を実現している。

　他方，ビール産業の売上高経常利益率の推移は（図5-3），乳業と比べて変動的である。経常利益率は3〜5％の間で，21年間に3回の循環を経験している。第1回目は80〜88年，第2回目は88〜96年，第3回目は96〜2000年である。これを日本経済の景気循環——第9回循環；77年10月「谷」〜80年2月「山」〜83年2月「谷」。第10回循環；85年6月「山」〜86年11月「谷」。第11回循環；91年2月「山」〜93年10月「谷」。第12回循環；97年3月「山」〜——との関係でみると，第10循環における85年の「山」と86年の「谷」の時期に，次は第11循環における91年の「山」の時期に，経常利益率は「山」を形成している。94年を例外の年とすると，バブル経済崩壊と同時に比較的景気がよかった95〜97年3月の時期にかけて経常利益率は下降線をたどったことになる。

　80〜95年の15年間に，ビールの価格引上げ（増税と値上げ）は，80年，81年，83年，84年，90年，94年に実施されている。83年，84年の価格引上げは，景気が83年の「谷」から85年の「山」に向かう回復過程で実施されたので，経常利益率は高水準を実現した。90年の価格引上げはバブル経済が頂点に向かう過程であり，94年のそれはたまたま猛暑の年であるという好環境の下で実施された。これらの要因が比較的高い経常利益率を実現したと考えられる。97年半ば以降，日本経済の不況感あるいは先行き不透明感や消費支出の停滞感などが漂うなかで，企業が工場閉鎖や生産機能の集約化などで生産性向上を図る経営改善に努めた結果が，99年に経常利益率を上昇させることになったのであろう。

　次に，売上高当期純利益率の推移について説明しよう。ビール産業の推移は，乳業ほどではないが，96年まで安定した利益率の水準（1.5〜2.0％）を実現している。日本の企業経営の特徴が，安定した経営＝大きくはないが安定した純利益率の実現にあるということを，この指標はよく表現している。

ところで，97年に純利益率が大きく落ち込んでいるのは，サッポロが239億円弱の赤字を計上したことによる（サッポロは98年に68億円弱，アサヒは2000年に97億円弱の赤字を計上）。以上のことから，ビール産業の利益率は乳業のそれと比較して大きいかそれとも小さいかと問えば，前者は後者の約2倍程度で，且つ前者の水準は約4％前後であるから，ビール産業の利益率が大きすぎるとは言えそうにない。しかし，ビール産業の売上高には「酒税」が含まれていて「水脹れ」している。水を抜いて，つまり酒税引き後の売上高をベースにして経常利益率及び純利益率を計算すると，その数値は図5-4に示している数値の約2倍になる。ビール産業は寡占体制の下で，高率の利益を稼いでいるのである。

4．シェアの動向

(1) シェアと売上高経常利益率の関係

各社の出荷量（国産＋輸入）シェアの変化と売上高経常利益率（この項，

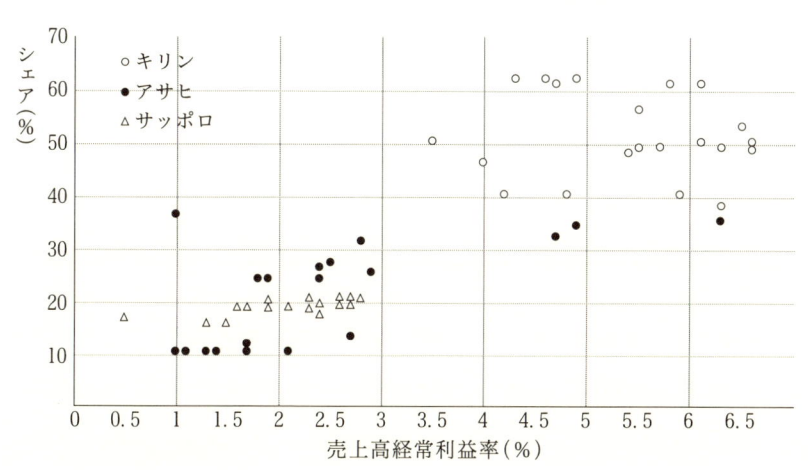

図5-4 シェアと売上高経常利益率の関係

資料；図5-2と同じ。

以下，利益率）の間に，何らかの相関関係を読み取ることが出来るであろうか。図 5-4 において，この点を確認しよう。図 5-4 は，縦軸にシェア，横軸に利益率をとって，両者の関係を示している。対象期間は 80 〜 2000 年である。但し，97 〜 2000 年におけるシェアは「ビール＋発泡酒」の合計で示している。

　シェアの変化と利益率の間に，明確な相関関係を読み取ることが出来るのは，アサヒの場合だけである。アサヒのシェアは，80 〜 86 年には 10％で，利益率はおよそ 1 〜 1.7％の範囲にある。89 〜 94 年においては，シェアは 25％前後に拡大しており，利益率はおよそ 1.8 〜 2.5％の範囲に増大している。更に，96 〜 99 年においては，シェアは 31 〜 35％に，利益率は 2.8 〜 6.3％の範囲にまで増大している。アサヒの場合，シェアが拡大するのに伴って，利益率も増大する関係が読み取れる。但し，現在のところ，キリンほどの安定性はないようである。それは，アサヒの内部蓄積の歴史がキリンほどに長くないからであろう。

　他方，サッポロとキリンの場合，シェアと利益率の間の相関関係は，アサヒのようには明確に読み取ることはできない。サッポロのシェアは，ほぼ 20 年間にわたって 18 〜 20％であって殆ど大きな変化を示していない。但し，最近は 15％に下がっている。利益率は 1.5 〜 2.7％の範囲で，アサヒの 89 〜 94 年の水準である。キリンの場合には，80 年から 2000 年にかけて，シェアは 60％台から 40％台に縮小している。しかしながら，それとは関係なく，高い利益率を維持している。つまり，シェアが 60％台で利益率は 4.5 〜 6％，シェアが 50％台で利益率は 5.5 〜 6.5％，シェアが 40％台で利益率は 4.2 〜 6.3％である。但し，シェアが 40％台に低下した状況の下では，利益率の変動幅が大きくなっている。キリンが他社と比べて高い利益率を実現しているのは，過去に稼いだ利益を蓄積して堅実な財務内容 ——たとえば，ここ数年における株主資本比率を見ると，キリンは 50％台，アサヒは 20％台から 30％台に改善，サッポロは 10％台である——を作り上げていることによるであろう。

そして，アサヒもまた堅実な財務を形成する方向に向かっているようであるが，キリンに追いつくにはまだ先のように思われる。

(2) シェアと販売奨励金・広告費の関係

　ビール産業の販売奨励金は，80年の115億円（売上高販売奨励金比率は，売上高経常利益率4.0%の四分の一以下の0.9%であった）から90年の1,104億円（経常利益率と同じ4.3%）にまで巨額化した。その後300億円ほど減少して数年間800億円台が続くが，95年から再び金額も比率も大きくなって，それぞれ，95年に1,075億円，3.7%，2000年に1,316億円，5.1%ととなる。販売奨励金の巨額化は，寡占企業間の競争激化，且つ大手メーカーの大量生産－大量押込み－大量販売という経営の在り方，さらには「製販三層体制の維持」にある。そしてこれが，酒DSを出現させた源泉の一つである。

　他方，ビール産業の広告費──理論では売上高と広告の関係が取り扱われる──は，80年の178億円（売上高広告費比率は，売上高純利益率1.8%よりやや小さい1.3%であった）から90年の799億円（広告費比率は，純利益率1.8%より大きい3.1%）に巨額化する。90年代はほぼ800億円前後の高い水準を維持していた。広告費の巨額化は，メーカー希望小売価格の維持と大量生産－大量広告－大量販売という経営の在り方を維持することを前提に展開されるシェア競争がもたらしたものである。広告費の巨額化に向けてイニシアチブを取ったのはアサヒで，当社は82年から販売奨励金と広告費の増額を実施している。83年からサッポロがアサヒに追随し，さらに87年からキリンが追随することになった（88年2月から89年1月にかけて「ドライ戦争」が展開される。この戦争に敗れたキリンは89年から「フルライン戦略」を採用する）。そして，キリンは最近（96年）になってからより積極的に販売奨励金と広告費を増額させている。これは，96年2月に「キリンラガー」を全面的に「生ビール」に切り替えたこと，また98年12月に「マルチブランド戦略」を採用したことと関係がありそうだ。

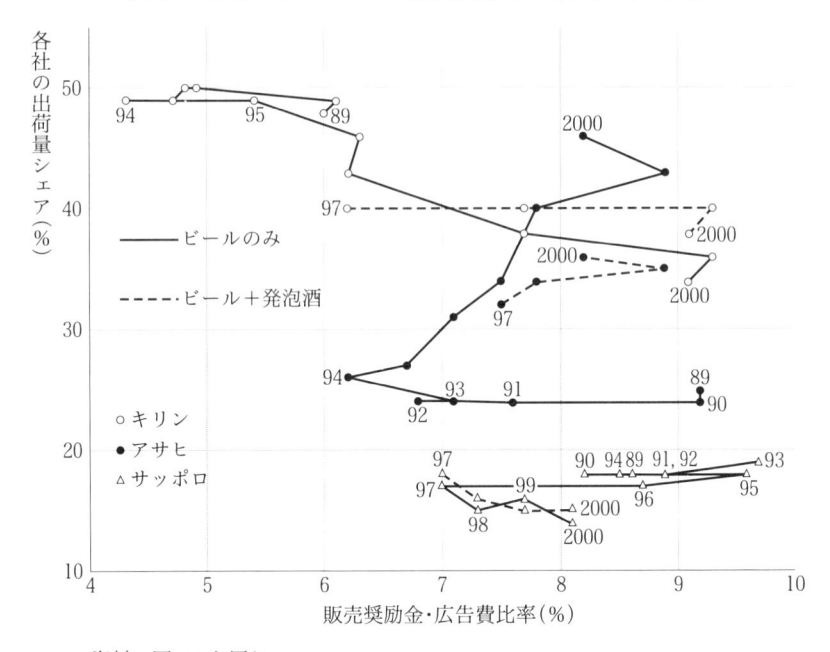

図5-5 大手3社のシェアと販売奨励金・広告費比率の関係

縦軸：各社の出荷量シェア(%)
横軸：販売奨励金・広告費比率(%)

凡例：
—— ビールのみ
---- ビール＋発泡酒
○ キリン
● アサヒ
△ サッポロ

資料：図5-2と同じ。

　このような販売奨励金と広告費の動向に対して，各社のシェアはどのように変化したであろうか。図5-5は，縦軸にシェア，横軸に販売奨励金と広告費の合計を売上高で割った比率——以下，奨励金広告費比率という——を示したものである。

　キリンの奨励金広告費比率は，89～95年においては4.2～6.2％であり，シェアは48～50％である。奨励金広告費比率の増減に関わりなく，ほぼ一定のシェアを維持している。ところが，95～2000年においては，奨励金広告費比率は5％台から9％台に増大している。それにもかかわらず，シェアは49％から34％に激減している。ただし，ビールと発泡酒の合計（97～2000年。点線で示している）のシェアは40％を維持している。いずれにしても，キリンのシェアは5年間に10ポイント強は縮小したのである。次に，アサヒ

の奨励金広告費比率は89〜94年においては6.2〜9.2%であり、シェアは24〜26%である。キリンの場合と同じことが言える。ところが、94〜2000年においては、奨励金広告費比率は6%台から8%台に大きくなっている。これに歩調を合わせるがごとく、キリンの場合とは逆に、シェアは26%から46%に増大している。ただし、ビールと発泡酒の合計（アサヒはまだ発泡酒を発売していない）のシェアは2000年には36%である。最後に、サッポロの場合、上記2社のような関係は読み取れない。ただ、97〜2000年においては奨励金広告費比率は7%から8.1%に大きくなっているが、シェアは逆に小さくなっている。

　全般的に、シェアと奨励金広告費比率の間には密接な関係はないように思われる。アサヒが93年以降に、シェアを伸ばしているのは当社が89年から「スーパードライ」への傾斜生産戦略を採用していることと価格破壊の進行時期においても消費者が辛口嗜好――他社の投入する発泡酒の一部も辛口志向的なものである――を維持し続けていたことによるのではないか、と思う。キリン及びサッポロが高い奨励金広告費比率を維持していても、それは相殺的に作用してシェアを大きく変えることにはならなかった。シェアを変えるものは、結局は、商品（製品それ自体の品質と、それを取り巻く諸条件、たとえば製造、流通、営業、会社イメージなどの品質）が、消費者に競争相手の商品以上に受け入れられるか否か、ということに関わっているのではないだろうか。最後に、ビール産業は何時までもかくも巨額な奨励金・広告費（その多くは資源の浪費であり、また中小資本の広告サービスへのアクセスを制限している）を支出してビールを販売しなければならないのであろうか。この行動は、プレミアムビールを除けば、同一価格で画一化された個性の少ない酒質のビールを大量生産－大量押込み－大量広告－大量販売という方式のもとで鎬(しのぎ)を削りあう限り、いつまでも続くであろう。おいしい清酒やうまい焼酎を販売している地方の酒造会社は、それほど多くの広告をしなくとも、飲兵衛の口コミ宣伝で良く売れているものがある。いいものは大して宣伝し

なくても良く売れるのである。

　最後に，本書を閉じるにあたって，産業組織論的な立場から二，三意見を述べておくことにする。

　キリンの巨大化は，キリンが企業合併や買収（「資本の集中」）によってではなく，自己努力（「資本の蓄積」）によって実現したものである。換言すれば，市場価格が同一である状況の下で，キリンは他社よりコストが低いので，利益は多くなり，その利益を投資の源泉とすることで，企業規模を拡大させることができた。あるいは，高成長期に「ラガービール一本槍」という経営戦略を貫徹させることで，シェアを拡大させることができた。その形成過程がいかなるものであれ，一企業が巨大になること，且つある産業が独占状態になることは，たとえばカルテルや価格の同調的引上げなどの何らかの弊害を生み出す可能性を大きくする。たとえ現在何らの弊害を引き起こしていなくても，将来何らかの弊害を引き起こさないという保証はないのであるから，ガリバー型寡占体制が形成されないような「何らかの歯止め」が必要である。

　これとの関連で，われわれが考えなければならないことは，特に90年代後半から経済のグローバル化の進展に伴って，世界的規模で巨大企業間のM＆Aや提携で超巨大企業ないしグループ（たとえば，ダイムラー・ベンツ社とクライスラー社の合併，住友銀行とさくら銀行の合併）が形成されていることである。その理由は，規模の利益の追求によって国際競争力を強化すること，あるいは経営資源をより効率的に利用することで競争力を強化することなどであるが，果たして超巨大企業の誕生が国民経済上あるいは国際経済上有益なものであるか疑問である。たとえば，超巨大銀行の形成によって，それが提供するサービスの質量が飛躍的に向上したとはとても思えないのが現状である。将来起こりうる可能性の高い協調的行動，たとえば国際カルテルを充分警戒すべきではないだろうか。

　ビール産業（これ以外の産業も含めて）で問題とすべきものの一つは，ガリバー型寡占体制の下での価格の同調的引上げである。これは，結果的には

カルテルと同じ効果をもたらしているのであるから，同調的行動はカルテル行為とみなして課徴金を課すべきである。これを取り締まること——公取委は，監視対象品目を定めて，これらの品目の価格が同調的に引上げられた場合，その理由を報告徴収している——は（罰を科することは）できないのであるから，企業にとってはやり得となっている。

　ビール産業は規制緩和によって，90年代はそれ以前と比べて，生産者や消費者にとっての市場環境は幾分かは改善された。さらに改善を要する点がいくつかある。

　90年代には酒類に対する需要が停滞する状況の下で，ビールは味や香り及びタイプなどの面で多少多様化することになった。しかし，大手企業の経営戦略は基本的には大量生産-大量販売-大量消費であるから，これら企業が個性豊かなビールや発泡酒を製造してくれることは期待できない。大手企業にとって歓迎されるべき優良な製品は大量に売れる商品だけであるからである。それゆえ，いろいろなタイプのおいしい個性的なビール・発泡酒は，地ビール醸造所に期待せざるを得ないであろう。これを育てるのは各地域の飲兵衛であるとともに，現行法の改正——ビールの年間最低製造量を6〜10kℓにさらに少なくすると同時に，年間製造量100kℓ以下の地ビール・発泡酒を無税にすること。最終的には製造量に関係なく無税にすること，つまり消費税に一本化すること。加えて，自家醸造を認めること——に依らざるを得ないであろう。勿論，醸造家の経営努力も必要である。

　次は，缶の始末の問題である。90年代はじめ頃から比べれば，現在においては缶・ペットボトルの始末の問題は，社会全体的には改善されている。これとは別に，ビール大手企業は缶詰めビールを大量に販売するわりには，缶の回収に熱心ではないようである。製造業者は缶の回収に責任を持つべきである。ビール大手企業は優良企業と自認されているであろうから，且つまた何百億円という広告費を支出されているのであるから，空き缶のリターナブル化に資金と労力を自主的に投入すべきであろう。

1) 昭和50年代の中頃,「吟仕込みビール」が売れなかった理由には次のような理由がある。――吟醸酒という名の高級酒をひっさげて,地方銘醸家が頭角を現し,地位の逆転(量産メーカーと地方メーカーの逆転……引用者)が始まった頃……日本のビールメーカーは,吟醸を冠したビールを売り出そうとした。……だが,ビールに吟醸の名を冠することに強く反発した日本酒メーカー側からの強いクレームで,あっさりと引っ込めてしまった。それはその中身がごくありきたりのもので,吟醸の名を冠するに値しなかったからである。穂積忠彦,前掲書,133頁。
2) 80年現在で,ビール産業は企業数5社からなり,且つ上位3社集中度は92%で,生産集中類型では高位寡占型(Ⅰ)に属する。大手3社の売上高に占めるビールの割合は90%を超え,ほぼ単一商品を生産しているといってよい。乳業の場合,大手3社は粉乳(上位3社集中度77%。以下同じ),バター(72%),チーズ(73%),飲用牛乳(42%),練乳(58%),アイスクリーム(46%)などの多数の商品を生産している。それゆえ,粉乳,バター,チーズ分野では高位寡占型(Ⅱ。企業数おおむね30社),飲用牛乳,練乳,アイスクリーム分野では競争型(Ⅰ。企業数およそ170社)ということになる。妹尾明編『現代日本の産業集中』日本経済新聞社,1983年,76〜77頁。斎藤武至「大手乳業メーカーの経営構造と展開方向」日大農医学部食品経済学科編,前掲書,122頁参照。

参考文献

　当書を書くに際して，特に『日本経済新聞』及び日刊経済通信社『酒類食品統計月報』を多く利用・参照させて頂いた。ご寛恕のほどをお願いします。その他，利用ないし参照させて頂いたビール関係文献は，下に掲げるもの（1990年以降のもの。発行年月順）である。

春山行夫『ビールの文化』1，2，平凡社，1990年。

雑誌『ワインアンドスピリッツ』（ビール特集），1990年6月号，オータパブリケイションズ。

キリンビール『ビールのうまさをさぐる』裳華房，1990年。

原田恒雄『金のジョッキに，銀の泡』たる出版，1990年。

山本祥一朗『本場ビールと穴場ワインの旅』時事通信社，1990年。

平手龍太朗，B. ブラザーズ，E. B. クレーン『手造りビール事始』雄鶏社，1992年。

瀧川綾子『ビール戦争の舞台裏　ドライブームの衰退』晩聲社，1992年。

飛田悦二郎，島野盛郎『ビールはどこが勝つか　鍛え抜かれたライバルたち』ダイヤモンド社，1992年。

猪口修道『アンラーニング革命　キリンビールの明日を読む』ダイヤモンド社，1992年。

濱口和夫『ビールうんちく読本』PHP研究所，1992年。

ビールこだわり研究会『知ったかぶりビールの値打ちと中身がわかる本』明日香出版社，1992年。

濱口和夫監修『THE BEER BOOK』新星出版社，1992年。

公正取引委員会『高度寡占産業における競争の実態』大蔵省印刷局，1992年。

小林章夫『パブ・大英帝国の社交場』講談社，1992年。

中西将夫『酒ディスカウンター』同文館出版，1992年。

平林千春『ビール戦争　成熟市場突破のマーケティング』ダイヤモンド社，1993年。

田中和夫『物語サッポロビール』北海道新聞社，1993年。

鳥山国士，北嶋親，濱口和夫『ビールのはなし』技報堂出版，1994年。

中條高徳『小が大に勝つ兵法の実践』かんき出版，1994年。

村上満『地球ビール紀行　世界飲み尽くしビール巡礼』東洋経済新報社，1994年。

徳丸壮也『企業革命　サッポロビールの第二創業物語』PHP研究所，1994年。

和知典之『世界・びーる党読本　ビールこだわりガイド』ディーエイチシー，1994年。

宮川東一『酒販流通革命の時代』ダイヤモンド社，1994年。

稲垣真美『日本で地ビール，世界で日本酒』NTT出版，1995年。

田島久雄，守谷公一『アイルランド・パブ紀行』東京出版，1995年。

マイケル・ジャクソン著，田村功訳『地ビールの世界』柴田書店，1995年。

増山邦英『地ビール物語』ジャパンタイムズ，1995年。

ステファン・モリス著，佐藤盛男訳『アメリカ地ビールの旅』晶文社，1995年。

小田良司『東西南北・地ビールガイド』たる出版，1996年。

増山邦英『手づくりビール工房』ハート出版，1996年。

AVES PLANNING『おいしい地ビール全国ガイド』同文書院，1996年。

巽一夫『世界のビール　ベスト50』新潮社，1996年。

マイケル・ジャクソン，金坂留美子著，詩ブライス訳『世界ビール大全』山海堂，1996年。

相原恭子『ドイツ地ビール夢の旅』東京書籍，1996年。

JTB地ビール支援室代表石川智康『地ビールまつりin東京'96』1996年。

石渡馨『地ビールで夢づくり』日本コンサルタントグループ，1997年。

日本自家醸造推進連盟『手造りビールマニュアル』日本文芸社，1997年。

相原恭子『あ！ビールだ!!　やってみるか．御殿場高原ビール』御殿場高原ビー

ル株式会社，1997年。

上原誠一郎『ビールを愉しむ』ちくま新書，1997年。

日本経済新聞社『ビール大事典』1997年。

飛田悦二郎，島野盛郎『新・ビールはどこが勝つか』ダイヤモンド社，1997年。

ナヴィインターナショナル『世界のビールセレクション』大泉書店，1997年。

新納一徳『アサヒビールの秘密』こう書房，1997年。

フレッド・エクハード，他著，田村功訳『世界ビール大百科』大修館，1997年。

小島郁夫『ズバリよいビール会社わるいビール会社』ベストブック，1998年。

穂積忠彦『地ビール讃歌』健友館，1998年。

藤原摩彌子『アサヒビール大逆転』ネスコ，1999年。

清丸恵三郎『スーパードライ vs 発泡酒』東洋経済新報社，1999年。

中村芳平『キリンビールの大逆転』日刊工業新聞社，1999年。

矢ヶ崎宏『ビア・ライゼ ドイツ・チェコ地ビールを求めて』新風舎，1999年。

村上満『ビール世界史紀行』東洋経済新報社，2000年。

平野健『サントリー流モノづくり ヒット商品創造法』日刊工業新聞社，2001年。

あとがき

　著者と産業組織論の関わりは，71年春に新設開校された徳山大学（山口県）に入職した時にまでさかのぼる。入職前の集まりの時，私の担当する専門科目が「産業組織論」であると知らされるまで，私はこの科目の存在すら知らなかった。なぜならば，大学院では平瀬巳之吉先生の下で独占資本主義（帝国主義論や独占価格論など）について勉強していたからである（修士論文は「管理価格決定のメカニズム」である）。何はともあれ，産業組織論を講義するには，それについて基礎から勉強しなければならないので，神田神保町の古書店で入手したR.ケイヴズの『産業組織論』を携えて徳山大学に行った。

　以後，産業組織論の中で取り扱う「製品差別化」に興味を持ち，それとの関連で自動車産業やビール産業等に手を染めることになった。前者の方が私の専業分野（最近の仕事は，大西勝明，二瓶敏編『日本の産業構造』青木書店，99年，の第6章「自動車産業」。溝田誠吾編『情報革新と産業ニューウェーブ』専修大学出版局，2002年，の第6章「自動車産業と公害・環境問題」）で，後者の方は，どちらかといえば，副業分野である。本書の第2章と第3章を書くにあたっては，「はじめに」の注で触れたように，「ビール産業における製品差別化」（84年1月）と「ビールそれ自体の差別化政策」（90年3月）を出来るだけ原文の形で再現するように努めているが，それはバラバラに解体されて利用されている。同時にいろいろな処に新たな記述を付け加えている。それ故，文章上表現にぎこちない点があるかもしれない。第1章は概要，第4章は90年代の状況，第5章は第2章～第4章の総括として今回新しく書いた部分である。

　この度，本書を出版することにした動機は，一つは産業組織論の枠組みを10回程度の講義で教える材料としてビール産業は比較的適当な産業であるので，これを材料とした教科書を書いてみようと考えたこと，もう一つは

ビール産業に関する経済学分野の専門書は存在しないといってよい状況であるので，本書を出版することはそれなりの意義があるだろうと考えたこと，更にもう一つは，世紀も変わったことなので，この辺りでビール産業から手を引いて一つの区切りを付けることにしようと考えたこと，などである。

とはいえ，ビール産業から手を引くに際して心残りな点は，当初「中国ビール産業の現況」について一文を書きたいと思ってはいたが，それを実行することができなかったことである。中国ビール産業に関心を持つことになった理由は，84年に初めて中国を訪問した時から「中国ビールのラベル」を集めるようになり，それが多少集まったこと，中国ビール産業が急成長していること（中国は，93年にドイツを抜いて世界第2位の生産国），日本のビールメーカーが中国に進出して現地生産あるいは合弁事業をはじめていること（これは「酒類の総合戦略」や「多角化・グローバル化戦略」の延長上で行なわれている），などである。

本書出版の動機は動機として，本書を教科書としてであれ，専門書としてであれ，出版することは今日の大学教育・出版の諸事情から難しい状況にある。そこで，専修大学出版局の上原伸二氏を煩わして出版することにした。本書を出版するにあたって，上原氏には大変お世話になりました。衷心より感謝の意を表します。

 2002年3月

水　川　侑

索　引

あ　行

アサヒビール　　8, 69
味戦争　　46, 79, 87, 145
位置的差別化　　92
イメージ商品　　43, 71
売手集中度　　21, 24
SCP パラダイム　　i, ii
エチゴビール　　134, 136
ヱビスビール　　8, 22, 57, 72, 92～94
円高差益還元　　55
オホーツクビール　　134
オリオンビール　　81

か　行

価格階層別製品体系（系列）　　71, 79, 83, 84
価格差別政策　　56～58
価格設定政策　　51
価格設定方式　　53
価格先導性　　58
価格談合（カルテル）　　53, 62, 63, 161
価格談合もどき（プライス・リーダーシップ）　　52, 53, 58, 61
価格の下方硬直性　　54
価格破壊　　113, 118, 120～126
下面発酵　　5, 6, 7, 29
辛口ビール　　95～100
ガリバー型寡占　　12, 26, 52, 59, 160
缶化率　　55, 80
官製販四層体制　　114, 117, 123, 126
管理価格　　15
規制緩和　　47, 113, 115, 134, 145
規模の経済性　　21, 23, 43, 93
強圧的行動　　24
協調的競争産業　　35
麒麟淡麗〈生〉　　131, 146
キリンビール　　8, 22, 26, 32, 69
銀河高原ビール　　138
屈折需要曲線　　44, 53
限界原理　　52
高級ビール　　57, 83, 93
広告宣伝　　105
広告宣伝費　　51, 99, 118
広告の機能　　51
広告費　　157～159
高度集中型寡占　　26
小江戸蔵の街地ビール　　140
古代ビール　　4, 5
御殿場高原ビール　　138
コンテスタビリティ理論　　37

さ　行

最小最適規模　　21, 22, 23
酒 DS　　113～124
酒類年間消費資金　　9
酒類年間消費量　　9
酒類の需要構造　　65, 68
サッポロビール　　8, 22, 69
サンク・コスト　　37, 139

サンクトガーレン　137
サントリービール　22, 69
参入障壁　21, 37
参入阻止価格　24, 37
参入阻止的行動　43
シェア自粛　15, 25
自家醸造　40, 161
事業所の生産規模　15
市場細分化　71, 77, 84, 100
市場の成長率　21
舌の贅沢化　87, 88, 92, 99, 101
自動車産業　84, 102
地ビール　134〜140
地ビール醸造所　13, 23, 39, 132, 145, 161
資本生産性　16
資本装備率　16
自由価格　52, 113, 120
修道院ビール　5
酒税法　3, 40, 41, 113, 115, 129
焼酎ブーム　95
消費者の嗜好　68, 83, 102, 129
上面発酵　5, 28
新製品開発政策　51
垂直的差別化　71
水平的合併　24
水平的差別化　71
スーパードライ　25, 79, 88, 97, 132, 146
スーパーホップス　131
制度的規制　39
生販三層体制　114, 115, 120, 157
製品差別化　21, 27
製品差別化政策　51, 65, 103, 104
製品差別型寡占産業　33
総資本回転率　151, 152
装置産業　38

た 行

多角化　69, 148
抱合わせ契約　24
鉄鋼業　123
同質的寡占産業　44
独占化の要因　24
独占禁止法　58, 113, 114, 124
特約店制　46, 113
都市ビール　5
独歩ビール　138
ドラフティー　129
ドラフティースペシャル　131

な 行

内部不経済　115
中身戦争　100
中身の差別化　46
中身の製品差別化　82, 87, 100
生化率　71, 89
乳業　148, 150, 153

は 行

排他的特約店制　43
排他的取引協定　24
麦芽発泡酒　126, 128〜133
麦芽100％ビール　79, 92, 147
ハラタウ地方（ホップ）　6
範囲の経済性　22
半導体産業　37
販売奨励金　157
ハンムラビ法典　4
ビアテイスト　131〜133, 147
ビール課税移出数量　11

ビール純粋令　6, 101
ビール消費（販売）数量　12, 45
ビール消費（販売）金額　12, 45
ビール生産金額　11
非価格競争　44, 120
被差別型寡占　35
飛天ビール　31
標準原価方式　54
ピルスナービール　7
不当廉売　124, 125
ブランド　21, 31, 68, 83, 117, 134
フル・コスト原則　53, 54
フル・ライン　71, 102, 132
飽和状態　65
ホップス　129
本生　132

ま 行

マルチブランド戦略　132, 157
メーカー希望小売価格　53, 113〜116, 120, 121, 123, 129
免許制　46

や 行

容器戦争　46, 74, 80, 100, 145, 146
容器の差別化　30, 46, 74, 100
容量の差別化　101
容量の細分化　74
よなよなエール　137

ら 行

ラガービール一本槍　32, 52, 59, 71, 160
利益率　153〜156

利潤率　151, 152
略奪的価格引下げ　24
輪番制プライス・リーダーシップ　54, 59
0.6 乗の法則　38
労働生産性　16

わ 行

若ビール　3

執筆者紹介

水川　侑（みずかわ・すすむ）
1940年生まれ。
［現職］専修大学経済学部教授。
［専門］寡占経済論，産業組織論。
［著書］『現代日本の産業構造』（共著，三輪芳郎編，青木書店，1991年）。
　　　　『日本の産業構造』（共著，大西勝明・二瓶敏編，青木書店，1999年）。
　　　　『新版　現代経済入門』（世界書院，2000年）他。

日本のビール産業──発展と産業組織論──

2002年5月15日　第1版第1刷
2007年7月10日　第1版第4刷

著　者　水川　侑
発行者　原田　敏行
発行所　専修大学出版局
　　　　〒101-0051　東京都千代田区神田神保町3-8-3
　　　　　　　　　　㈱専大センチュリー内
　　　　電話　03-3263-4230㈹
印　刷
製　本　藤原印刷株式会社

Ⓒ Mizukawa Susumu 2002　Printed in Japan
ISBN978-4-88125-129-5